Fredo 1
Mathematik

Ausgabe Bayern

Erarbeitet von
Mechtilde Balins (Günzburg)
Rita Dürr (Reutlingen)
Nicole Franzen-Stephan (Ratingen)
Petra Gerstner (Stuttgart)
Ute Plötzer (Haan)
Anne Strothmann (Raesfeld)
Margot Torke (Altenstadt a. d. Iller)
Lilo Verboom (Düsseldorf)

Mit Unterstützung von
Claudia Buchta (Schwaig b. Nürnberg)
Anja Reinhardt (Altdorf b. Nürnberg)

Illustriert von
Cleo-Petra Kurze
Martina Theisen

Oldenbourg Schulbuchverlag, München

Inhaltsverzeichnis

* aus dem Lernbereich Zahlen und Operationen

Zahlen und Operationen | Raum und Form | Größen und Messen | Daten und Zufall

AH S. 3

1 Erzähle.

Meine Zahlen

6

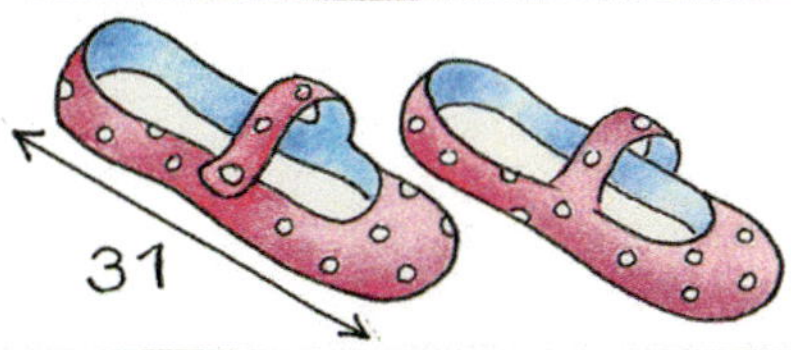

31

3

7355821

15

7

2

Und deine Zahlen?

AH S. 4

1 Wo ist Fredo?

2 Welche Tiere siehst du? Wo sind sie?

links – rechts
oben – unten
auf – unter
vor – hinter
über – unter
vorne – hinten
zwischen
neben

Zum Vorlesen:
Fredo ist ein Nasenbär.
Nasenbären gibt es nur in Südamerika.
Dort leben sie in Wäldern. Sie können gut klettern und schwimmen.
Sie haben eine lange Schnauze und einen buschigen Schwanz.
Nasenbären fressen fast alles: Früchte, Insekten und Eier.

3 Finde diese Ausschnitte im großen Bild.

Wo könnte Fredo sich verstecken? Male.

4 Links oder rechts vom  ?

5 Vor oder hinter dem  ?

6 Wer ist wo?

Unser Schulhof

AH S. 5

1 Was siehst du auf dem Schulhof?

2 Zähle.

3 Das spielen die Kinder:

a) Stimmt das? Zähle nach und ergänze.

b) Vergleiche mit deinem Partner.

4 Was seht ihr auf eurem Schulhof? Zählt.

Was spielst du am liebsten?
Male dich auf dem Schulhof.

AH S. 6, 7

1 Zeige und lege.

0	1	2	3	4	5

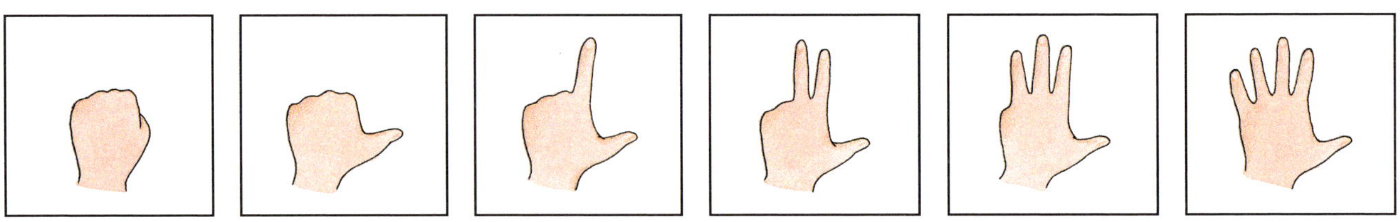

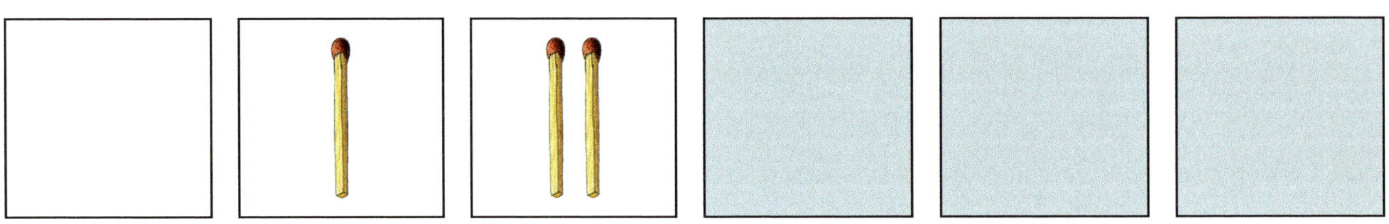

6	7	8	9	10

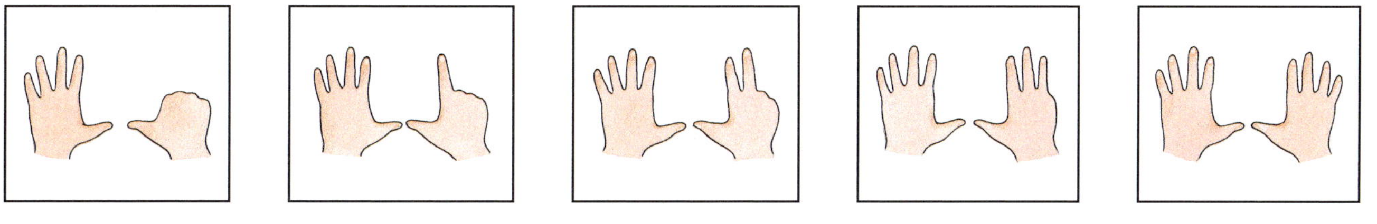

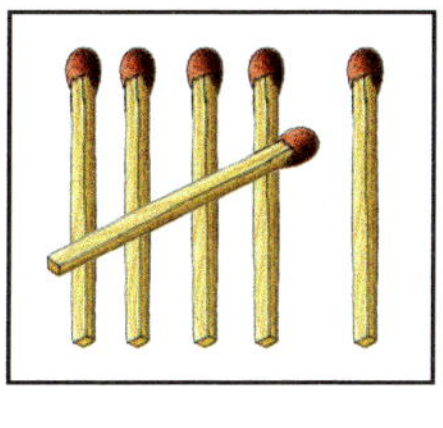

Welche Zahlen kennst du noch? Schreibe, lege und male.

Schnellblick

1 Spielt wie Anton und Anni „Schnellblick“.

2 Wie viele sind es?

a) 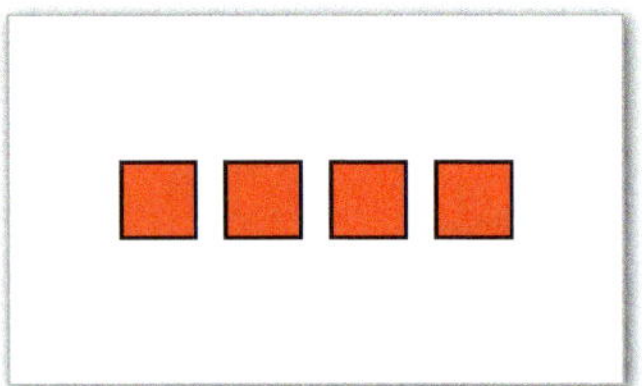
b) 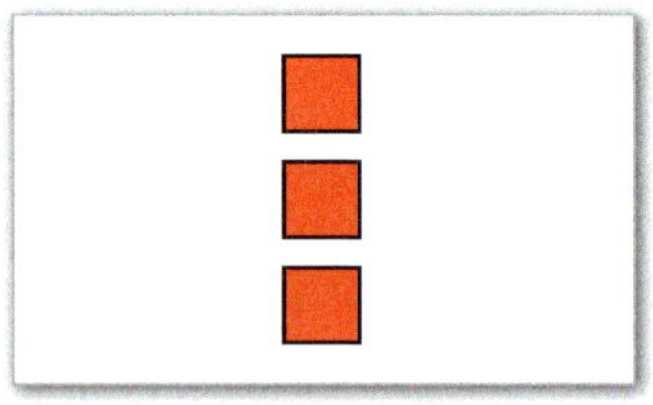
c) 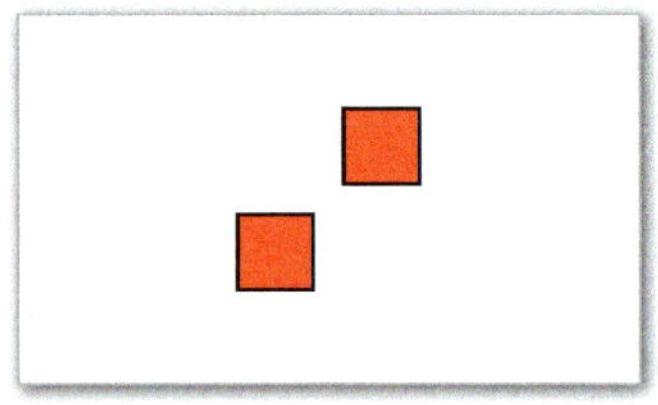

d) 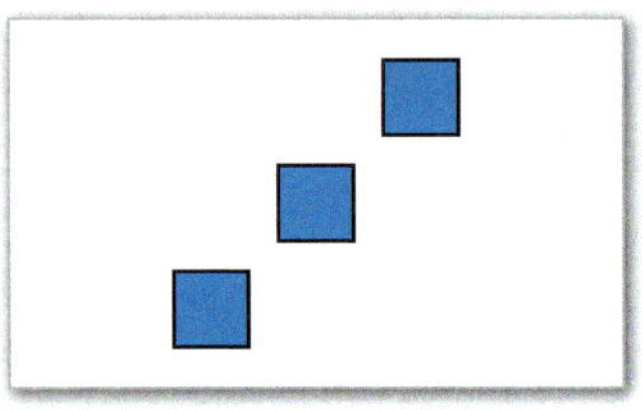
e) 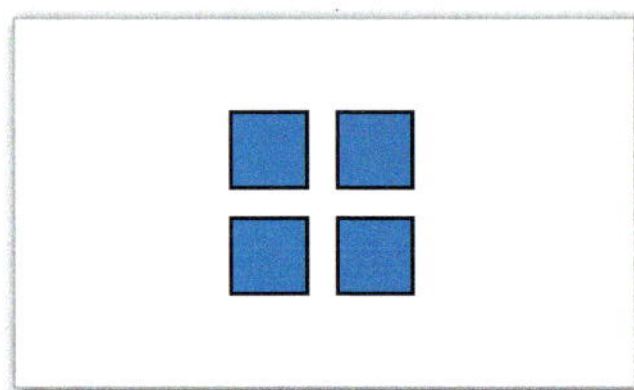
f) 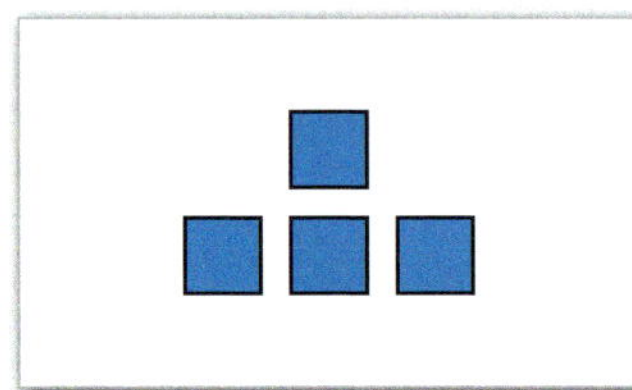

3 Wie viele sind es?

a) 
b) 
c) 

d) 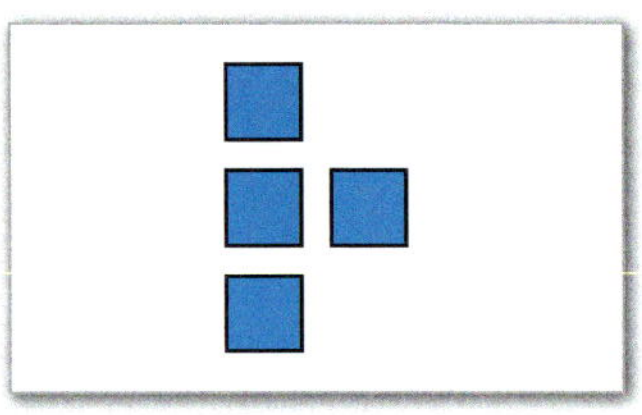
e) 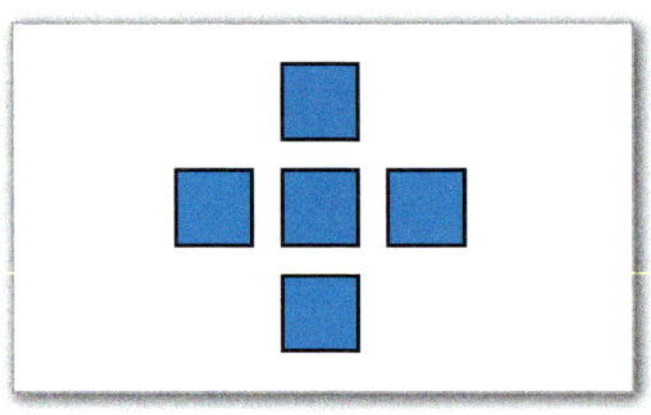
f) 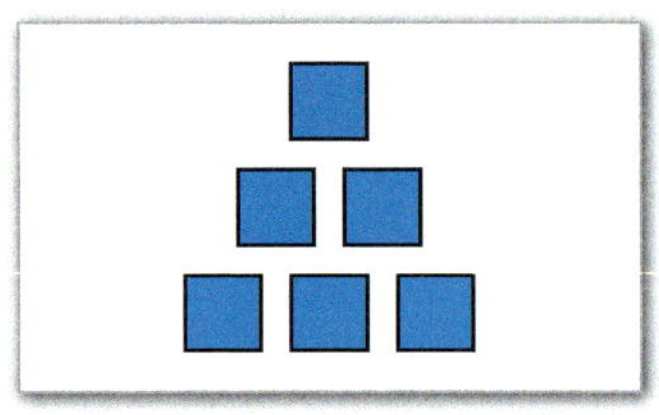

4 Immer 6: Ordne verschieden an.

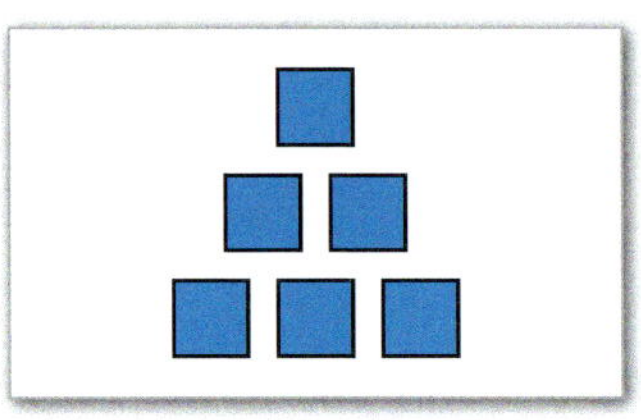

AH S. 8–17

1 Spure mit dem Finger nach.

AH S. 18, 19

1 Erzähle.

mehr als
weniger als
gleich viele

genug
nicht genug

2 Genug  ?

3 Genug  ?

4 Genug  ?

5 Genug  ?

6 Genug ?

3 für 6

Was können die Kinder tun? Male ein Bild.

---

7 Genug ?

? für ?

Was können die Kinder tun? Male ein Bild.

---

8 Genug ?

? für ?

Was können die Kinder tun? Male ein Bild.

Male eine eigene Geschichte zu „Genug?“.

Schöne Muster mit Zahlen

0	1	2	3	4	5	6	7	8	9
1	2	3	4	5	6	7	8	9	0
2	3	4	5	6	7	8	9	0	1
3	4	5	6	7	8	9	0	1	2
4	5	6	7	8	9	0	1	2	3
5	6	7	8	9	0	1	2	3	4
6	7	8	9	0	1	2	3	4	5

1 Schau dir das Bild an.
Beschreibe, was du siehst.
Was ist das Besondere an dem Bild?

2 Finde eigene Muster mit Zahlen.

6	3	6
3	6	3
6	3	6

1	2	3
2	3	2
3	2	1

Musterschlangen

AH S. 20

1 Lege die Muster nach. Zeichne.

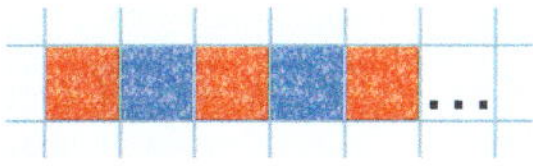

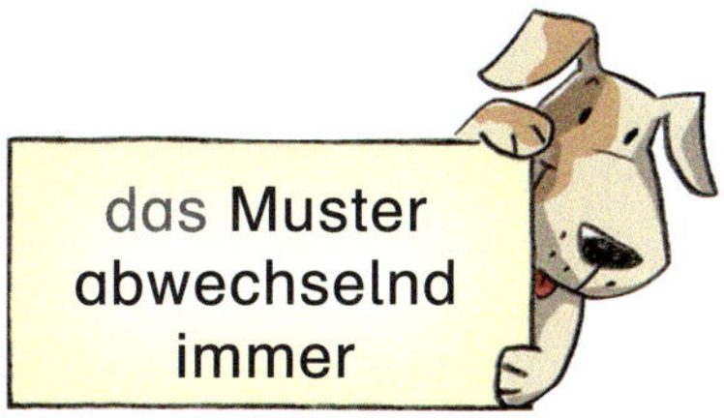

2 a) Muster mit Würfeln: Beschreibe die Muster.

b) Lege nach und setze fort. Zeichne.

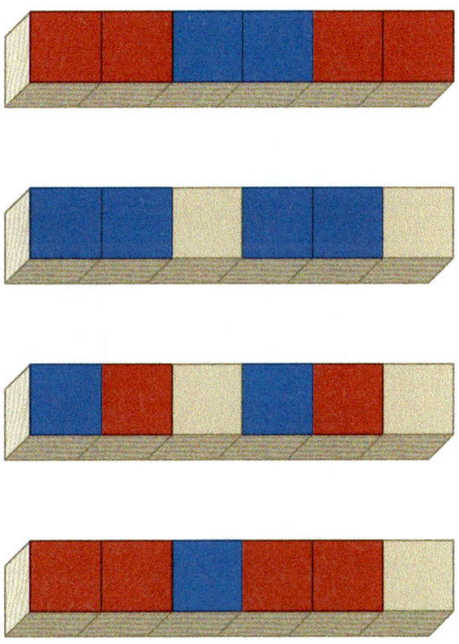

3 Lege verdeckt ein Muster. Beschreibe es deinem Partner.
Dein Partner legt es nach.

4 Wie geht es weiter?
Lege und zeichne.

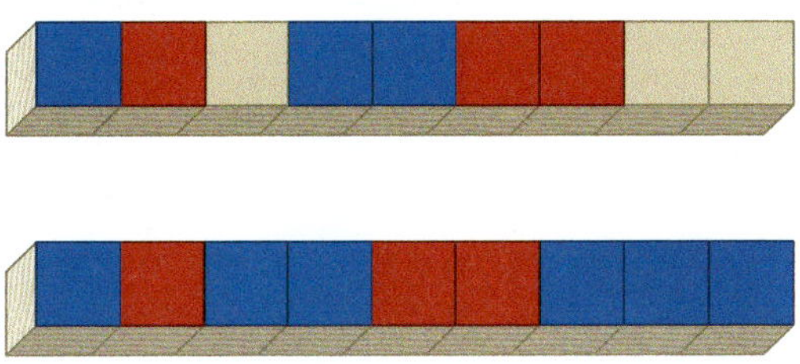

Finde eigene Muster. Lege und zeichne.

Mit Würfeln legen …

AH S. 22

1 Lege Figuren.

2 a) Lege nach. Achte auch auf die Farben.

b) Finde weitere Figuren.

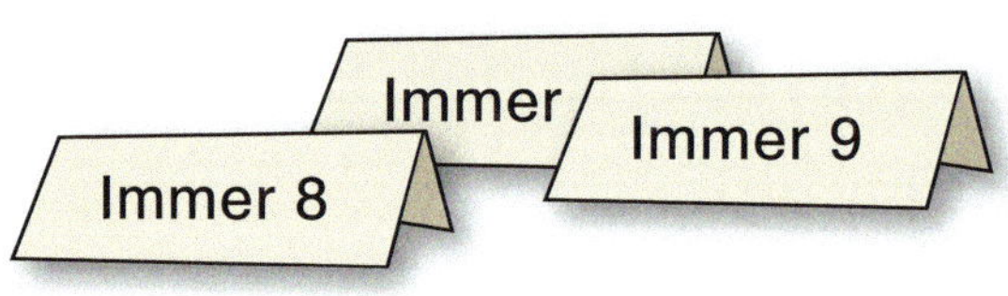

3 Spielt wie Anton und Anni.

4 Zeichne Pläne.

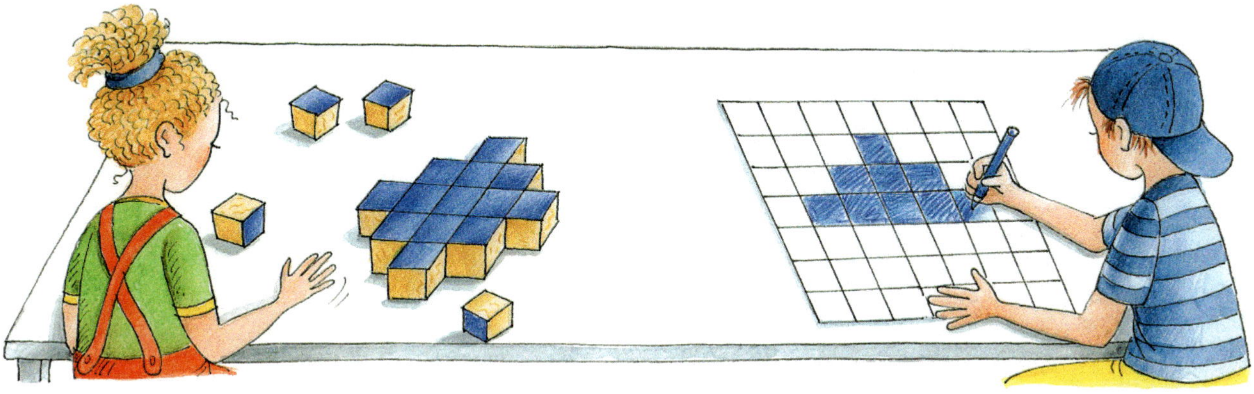

5 Lege nach.

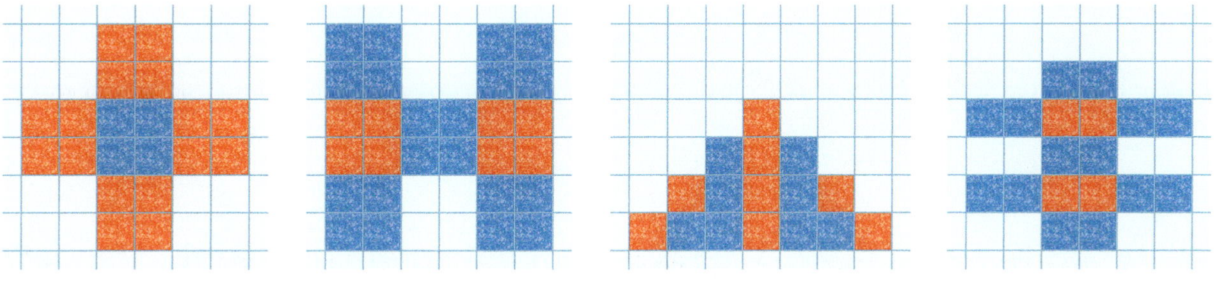

Male selbst Pläne. Dein Partner baut nach.

Wie viele Würfel mehr?

AH S. 23

1 Wie geht das Spiel „Hamstern“? Erzähle.
Spiele „Hamstern“ mit einem Partner.

2 Wie viel mehr? Zeichne ab und kreise ein.

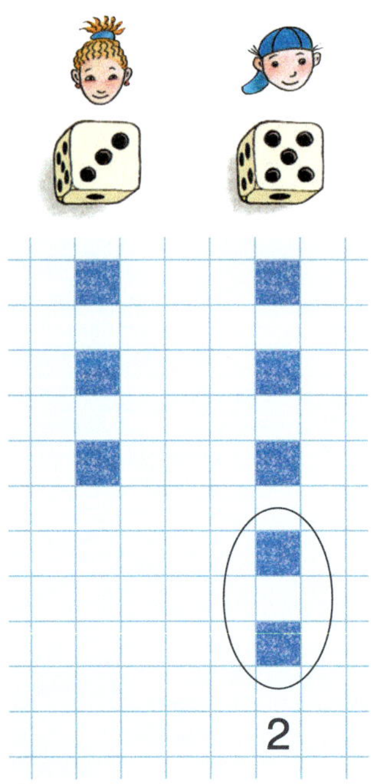

a)

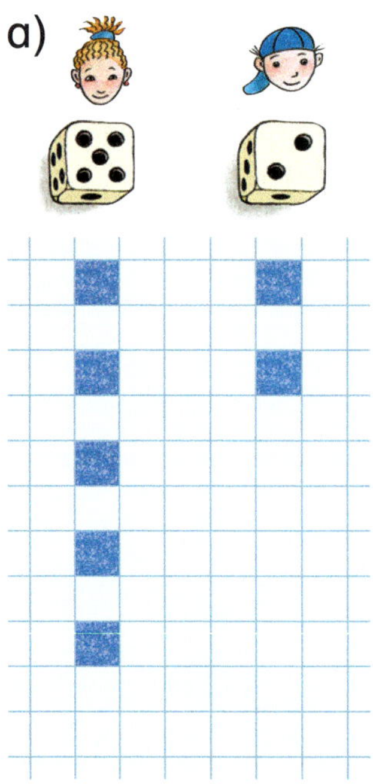

b)

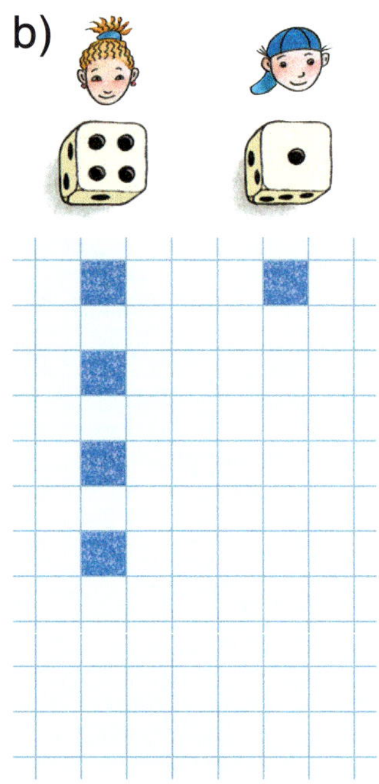

Anton hat 2 Würfel **mehr** als Anni.

Anni hat 2 Würfel **weniger** als Anton.

3 Anni hat schon gewürfelt. Nun ist Anton an der Reihe. Er würfelt eine 5. Anton hat jetzt 5 Würfel mehr als Anni. Kann das sein? Probiere aus.

4 Wie viel mehr? Zeichne und kreise ein.

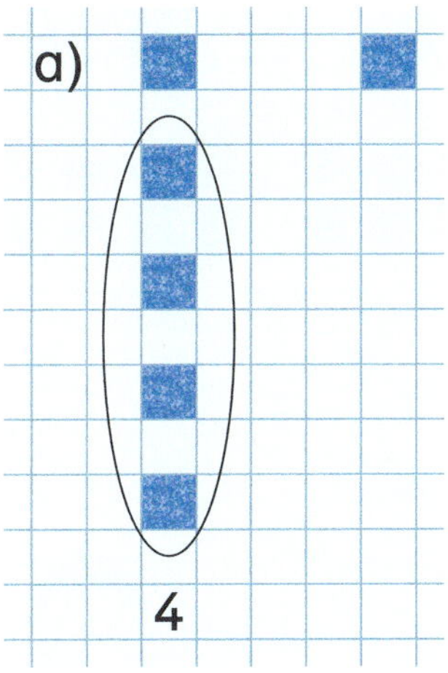

a) 

b) 

5 Was hat Anton gewürfelt? Zeichne.

a) 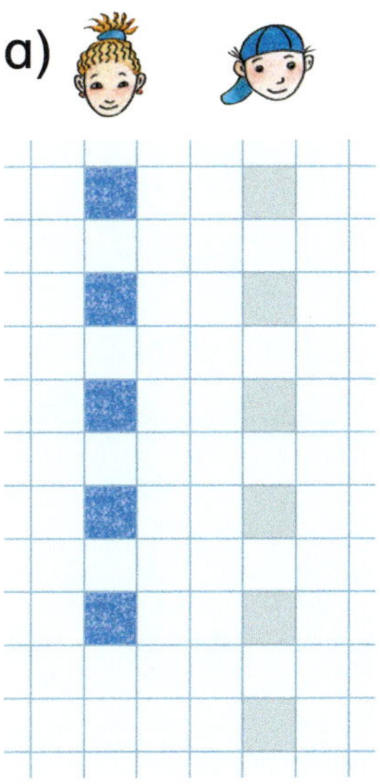

1 für 

b) 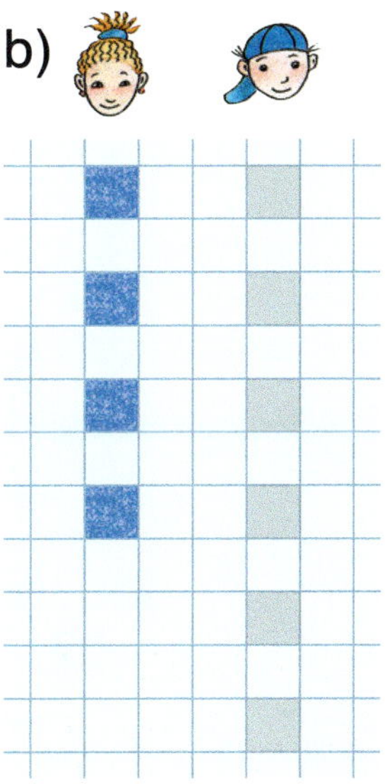

2 für 

c) 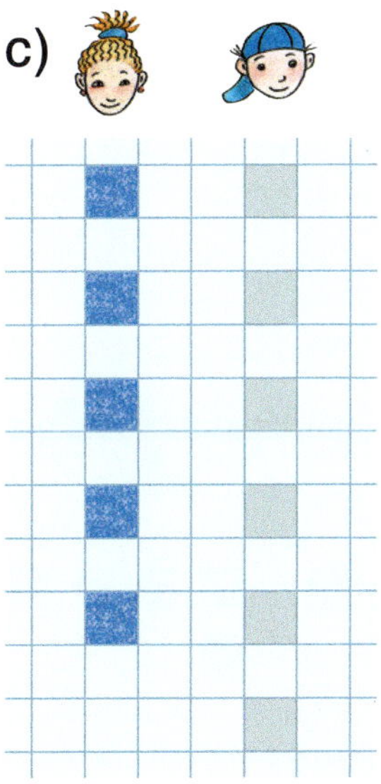

4 für 

d) 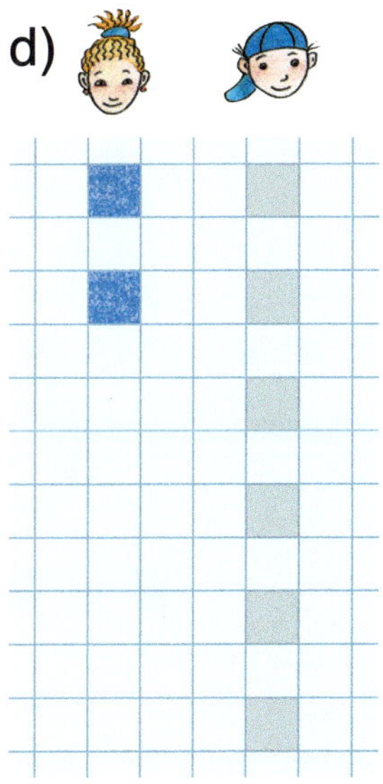

3 für 

Schnellblick am Zehnerfeld

1 Schnellblick – nicht zählen!
Wo siehst du schneller, wer mehr Würfel hat?

a)

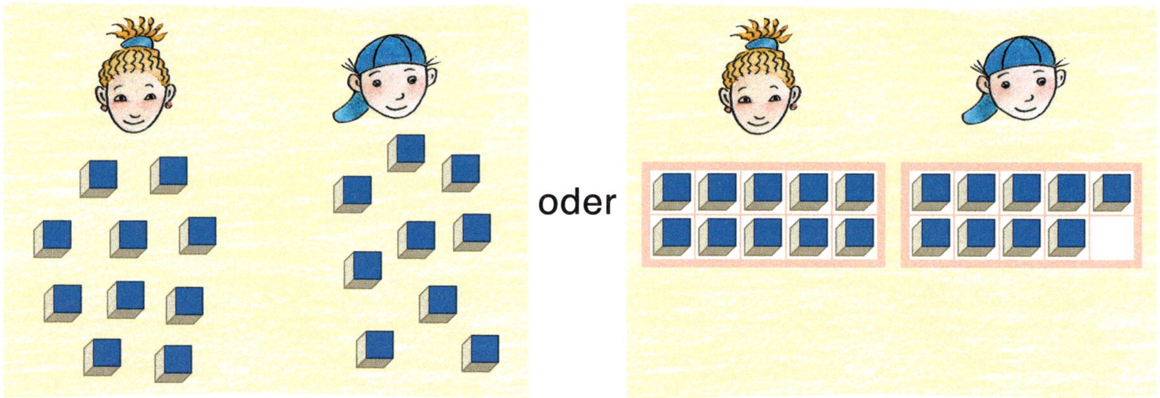

b)

c)

➡ Beilage zum Schülerbuch: Zehnerfeld

AH S. 24

1 Lege und zeichne in dein Heft.

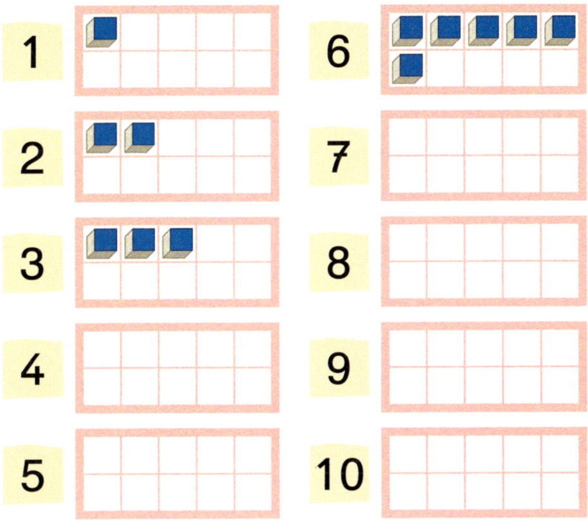

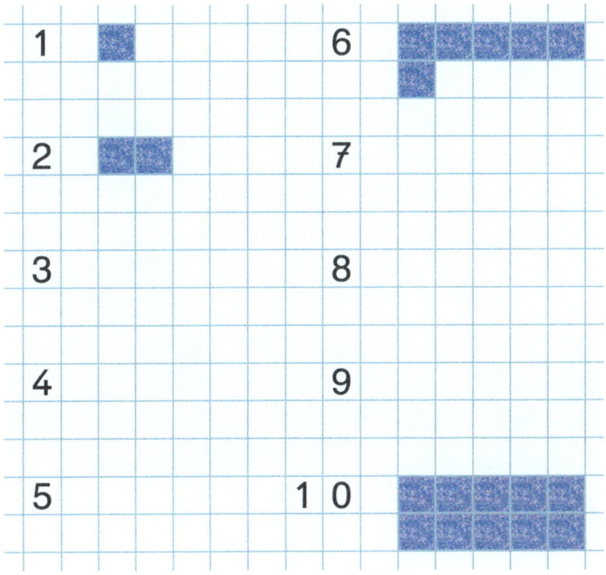

2 Wie viele sind es?

a)

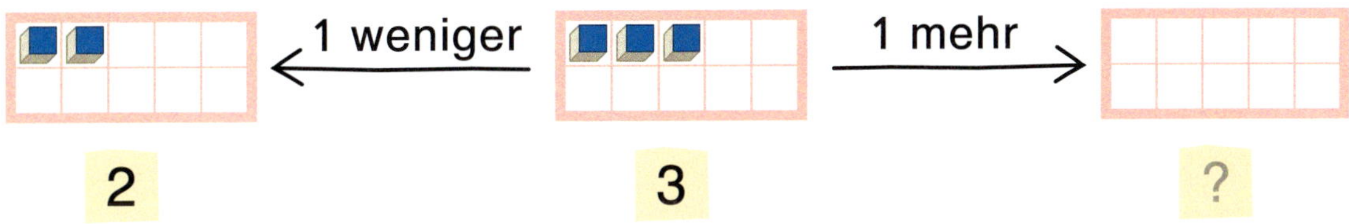

b)

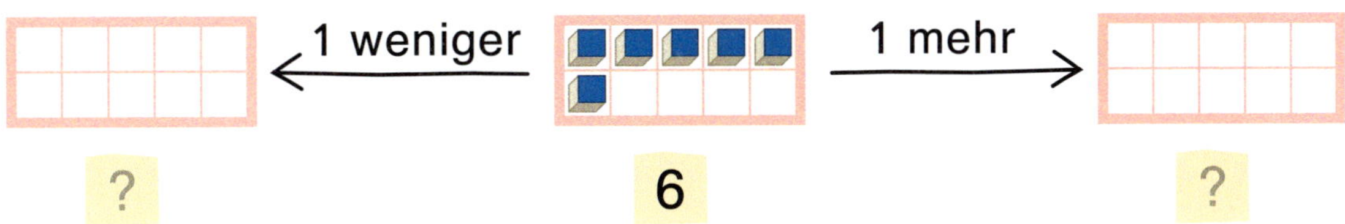

3 Wie viele sind es?

a)

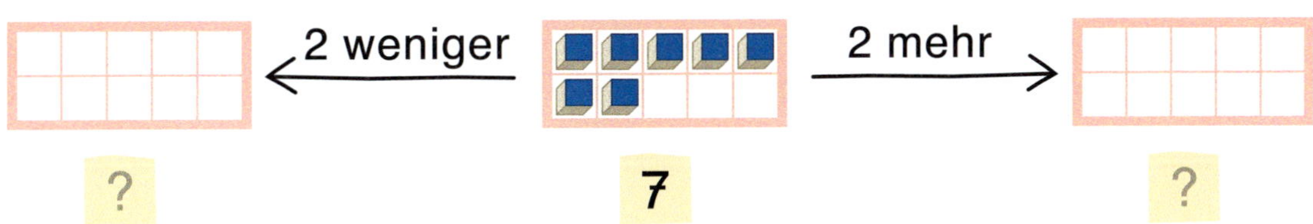

b)

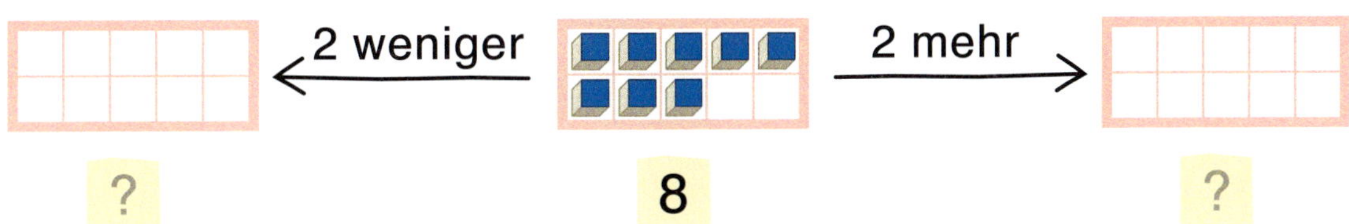

Zahlenreihe

AH S. 25

direkt vor
direkt nach
zwischen
die kleinere Nachbarzahl
die größere Nachbarzahl

1 Spielt wie Anni und Anton.

2 Wie heißt die Nachbarzahl?

a)		b)	
☐	9	9	☐
☐	7	7	☐
☐	5	5	☐
☐	3	3	☐

a) 8 , 9

3 Wie heißt die Nachbarzahl?

a)		b)	
☐	8	8	☐
☐	6	6	☐
☐	4	4	☐
☐	2	2	☐

4 Wie heißen die Nachbarzahlen?

a) 1 , 2 , 3

a)			b)			c)		
1	2	3	☐	3	☐	7	☐	9
☐	7	☐	☐	5	☐	5	☐	7
☐	4	☐	☐	7	☐	3	☐	5
☐	6	☐	☐	9	☐	1	☐	3

5 Wie geht es weiter?

a)

1	2	3	
5			
2	3		
7			
6			

b)

5					
5					
5					
5					
5					

c)

	6	7	8
			10
			9
			5
			3

a) 1 , 2 , 3 , ☐

5 , …

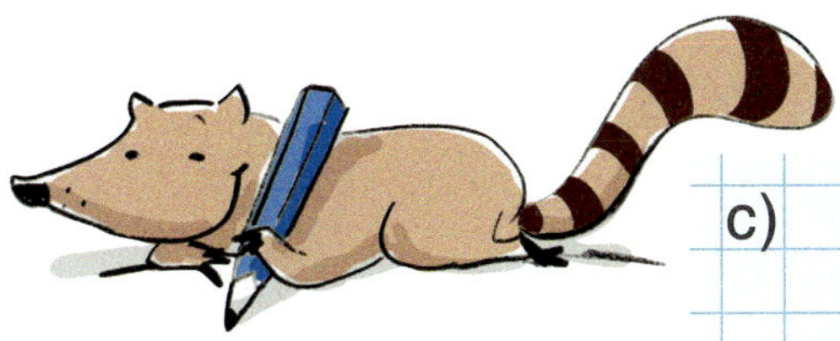

c) ☐ , 6 , 7 , 8

☐ , ☐ , ☐ , 10

6 Wie geht es weiter?

a)

2	4	6		
1	3	5		

b)

10	8	6		
9	7	5		

c)

10	12	14		
19	17	15		

7

a)

2 vor		2 nach
	4	
	7	
	9	
	5	

b)

2 vor		2 nach
	6	
	8	
	3	
	2	

c)

3 vor		3 nach
	4	
	7	
	6	
	5	

Wie weit kannst du zählen?

AH S. 26

Zahlen vergleichen

6 **ist größer als** 2.
2 **ist kleiner als** 6.
1 **ist gleich** 1.

1 Wie geht das Spiel? Erkläre.
Spielt wie Anni und Anton.

2 Welche Zahl ist größer? a) (6) 2

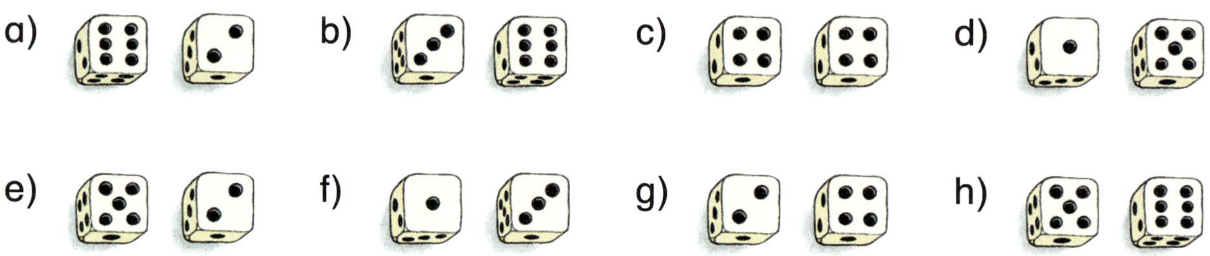

3 Welche Zahl ist kleiner? a) (2) 6

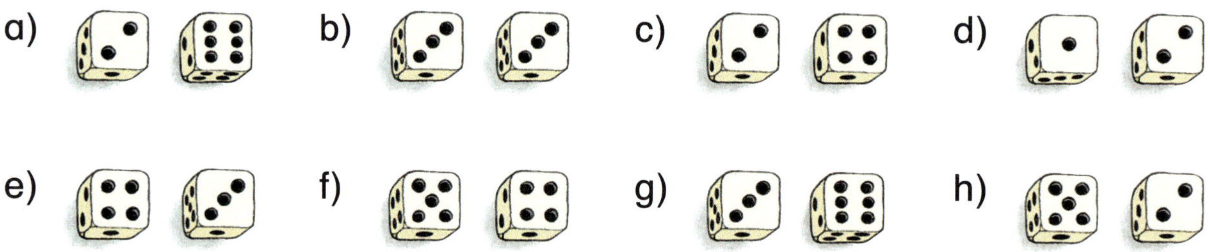

4 Jetzt bis 10. a) (5) 3

a) Welche Zahl ist größer?

5	3	4	8	9	6
3	6	3	1	5	2
3	2	9	4	8	0

b) Welche Zahl ist kleiner?

6	5	9	3	1	10
6	3	2	7	9	3
4	6	6	8	7	6

So **sprechen** die Mathematiker.	So **schreiben** die Mathematiker.
5 ist größer als 2.	5 > 2
3 ist kleiner als 8.	3 < 8
3 ist gleich 3.	3 = 3

5 Übe.

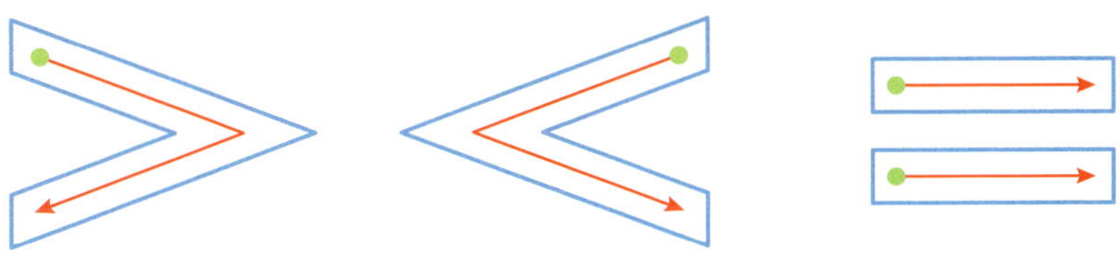

>	>	>	>	…
<	<	<	<	…
=	=	=	=	…

6 Vergleiche: ⊙>, ⊙<, ⊙= a) 3 < 4

a)			b)			c)			d)		
3	◯	4	7	◯	5	5	◯	4	9	◯	9
4	◯	3	7	◯	6	6	◯	5	9	◯	1
6	◯	2	7	◯	7	8	◯	6	9	◯	10
2	◯	6	7	◯	8	7	◯	9	9	◯	5

7 Finde passende Zahlen.

a)	b)	c)	d)
▢ < 5	▢ > 5	▢ > 4	▢ > ▢
▢ < 5	▢ > 5	▢ < 7	▢ > ▢
▢ < 5	▢ > 5	▢ > 6	▢ = ▢
▢ < 5	▢ > 5	2 < ▢	▢ < ▢
▢ < 5	▢ > 5	5 = ▢	▢ < ▢

8 a) Nimm nur: 

Finde alle 10 Möglichkeiten für ▢ > ▢.

b) Vergleiche deine Lösung mit deinem Partner.

Ein Ganzes – mehrere Teile

1 a) Wie könnte man die Schokolade noch zerteilen? Male.
b) Welche Möglichkeit hat dein Partner gefunden? Vergleiche.
c) Sprecht in der Klasse über die verschiedenen Möglichkeiten.

2 Was passt? a)

	das Ganze	die Teile		
a)				
b)				
c)		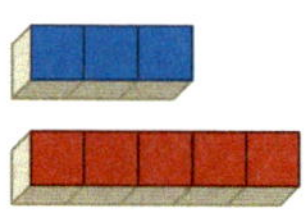	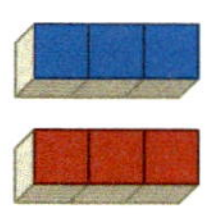	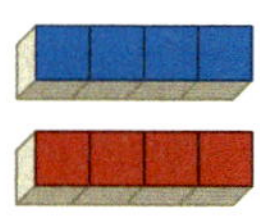
d)		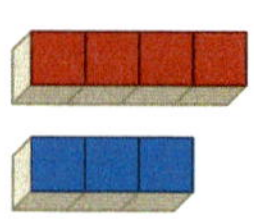	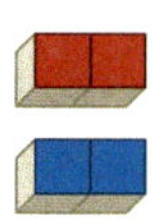	

3 Was passt?

	das Ganze	die Teile
a)	Anton	An · ton — Ant · ton — An · on
b)		
c)	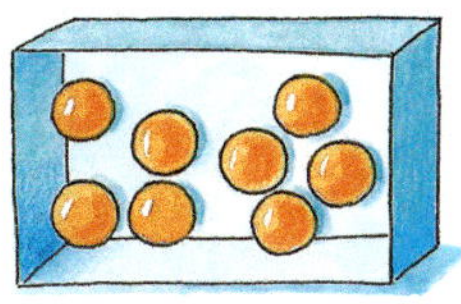	
d)		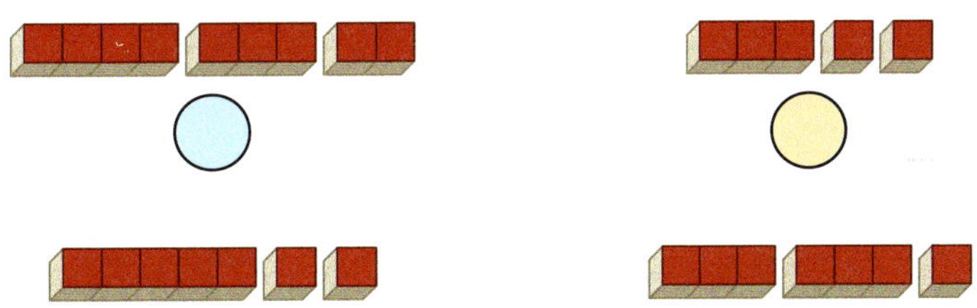

4 Was passt?

Male eigene Bilder zu „Ein Ganzes – mehrere Teile“.

schütteln und schauen

malen und schreiben

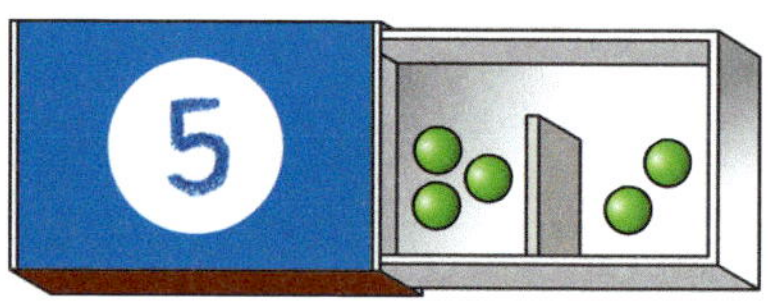

3 + 2

1 Wähle Schachteln aus. Schüttle, male und schreibe.

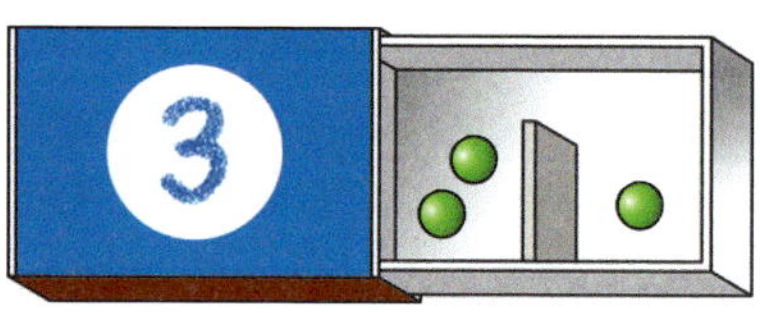

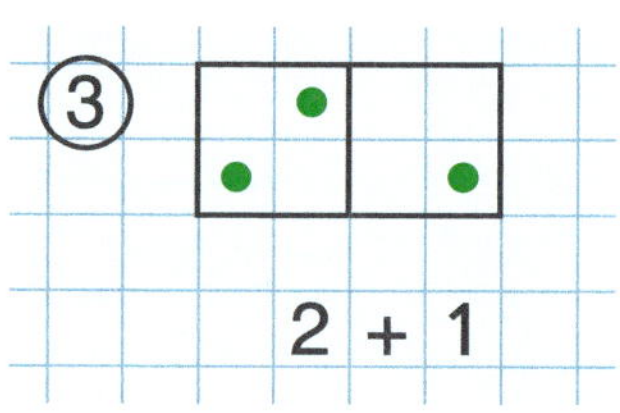

2 Finde verschiedene Möglichkeiten.

a)

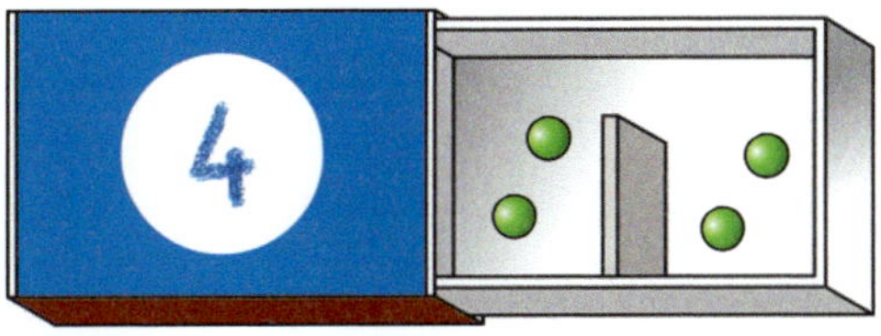

b)

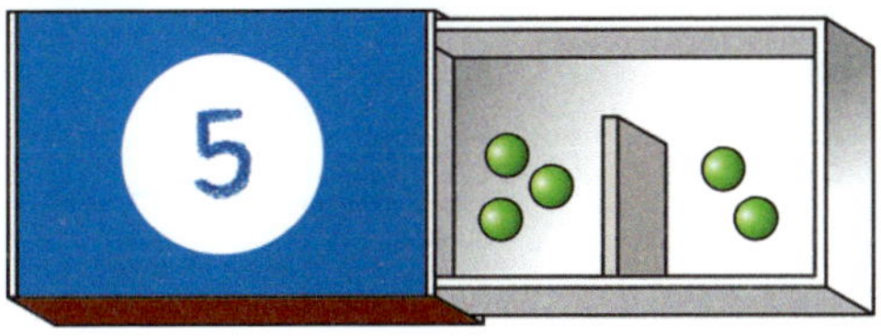

a) ④

2 + 2

_ + _

...

3 Finde verschiedene Möglichkeiten.

a)

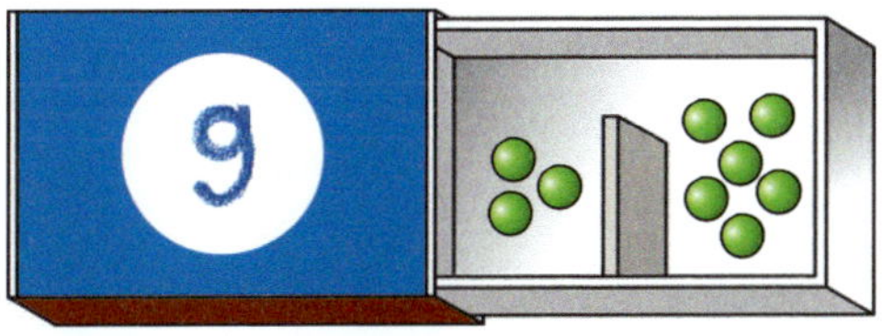

b)

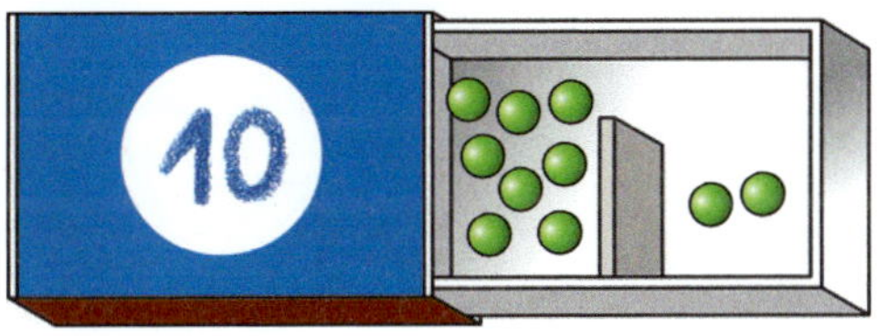

a) ⑨

3 + 6

_ + _

...

c) Vergleiche mit deinem Partner.

4 Ordne zu.

3 + 6	3 + 2	1 + 7	2 + 6	4 + 2
3 + 3	2 + 5	4 + 3	7 + 2	4 + 1

⑤

3 + 2

_ + _

...

Schüttle die Schachtel mit deiner Lieblingszahl.
Finde möglichst viele Aufgaben.

AH S. 27

1 Spiele mit deinem Partner „Wie viele sind versteckt?“.

a) ④

□ + 3

□ + 1

2 Wie viele sind versteckt?

a)

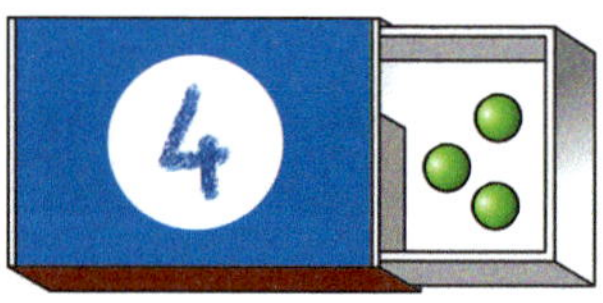

□ + 3

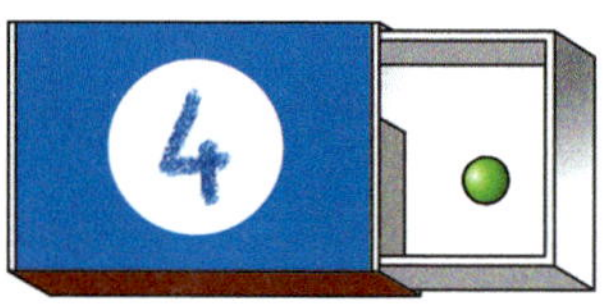

□ + 1

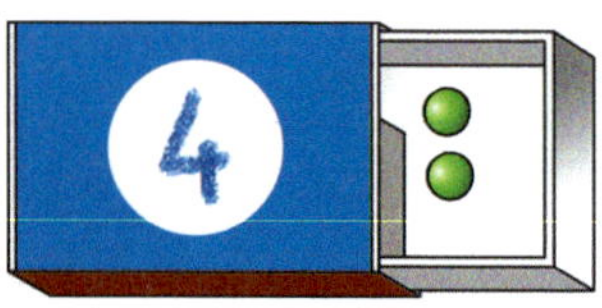

□ + 2

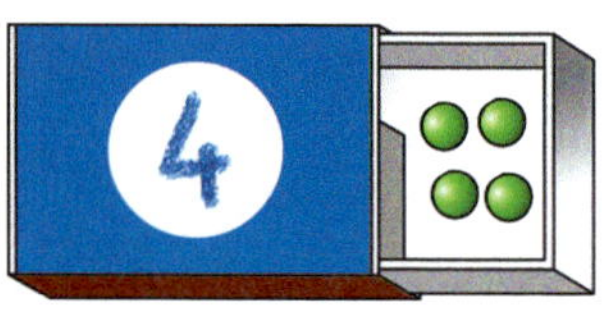

□ + 4

b)

□ + 2

□ + 3

□ + 4

□ + 1

c)

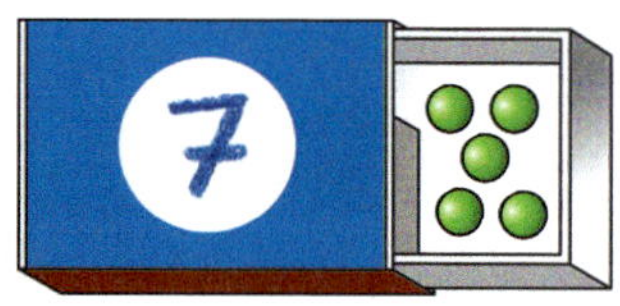

□ + 5

□ + 4

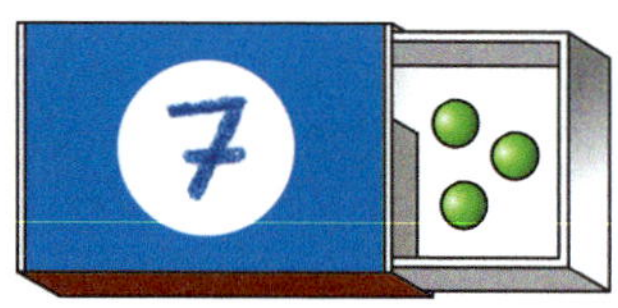

□ + 3

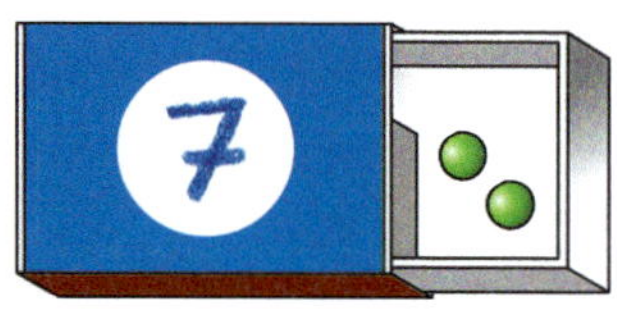

□ + 2

3 Wie viele fehlen? Was fällt dir auf?

a)

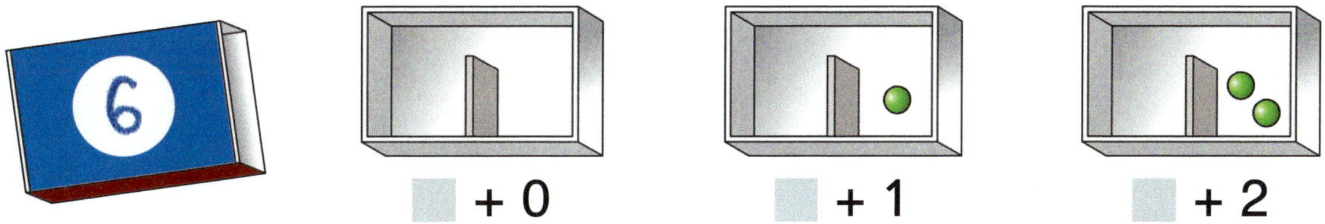

▢ + 0 ▢ + 1 ▢ + 2

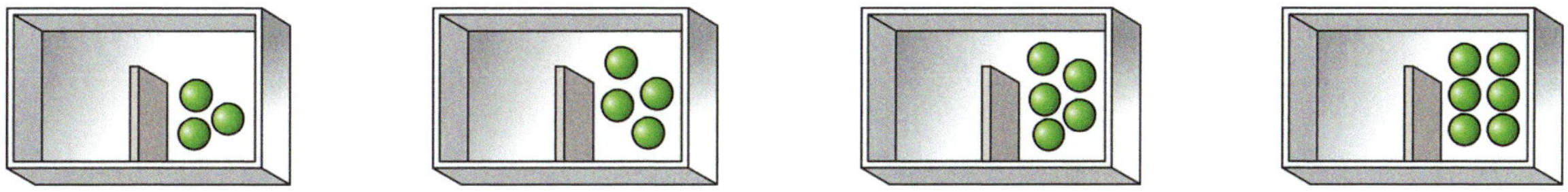

▢ + ▢ ▢ + ▢ ▢ + ▢ ▢ + ▢

b)

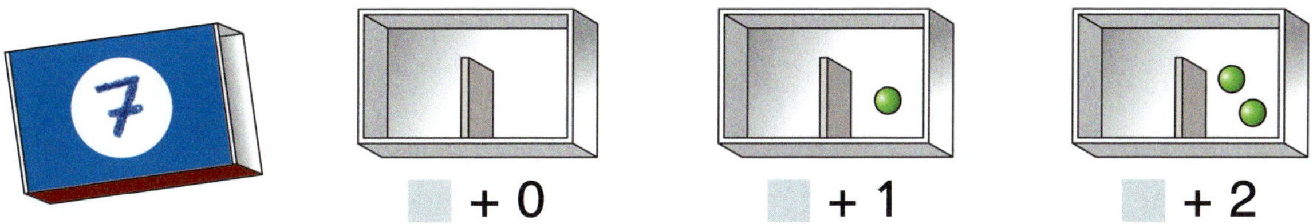

▢ + 0 ▢ + 1 ▢ + 2

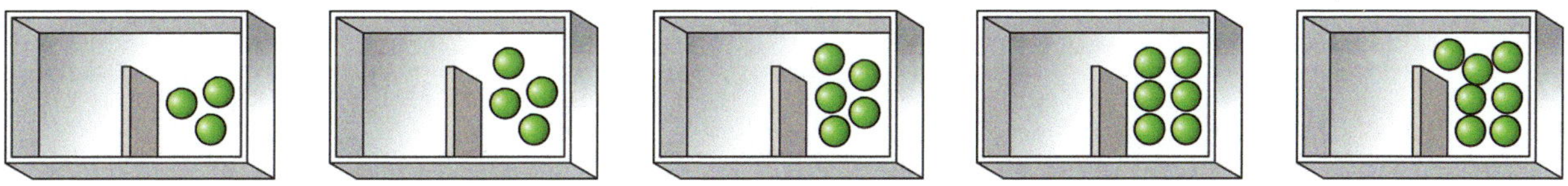

▢ + ▢ ▢ + ▢ ▢ + ▢ ▢ + ▢ ▢ + ▢

4 Wie viele fehlen?

a)

▢ + 2	▢ + 0	▢ + 6	▢ + 8
5 + ▢	3 + ▢	1 + ▢	7 + ▢

b)

▢ + 4	▢ + 7	▢ + 3	▢ + 6
1 + ▢	2 + ▢	5 + ▢	0 + ▢

Finde selbst Aufgaben. Male und schreibe.

Zerlegungen

AH S. 28

1 Kannst du Anton helfen? Erkläre.

2 Spielt das Spiel „Hoppla“.

3 Welche Aufgabe fehlt?
Male und schreibe.

	2	+	3
	0	+	5
	4	+	1
		+	
	5	+	0
	3	+	2

4 a) Ordne deine Zerlegungsstreifen zur 5.

b) Wie hat dein Partner die Zerlegungsstreifen geordnet? Welche Ordnung ist sinnvoll? Malt und schreibt sie auf.

c) Vergleicht in der Klasse eure Lösungen. Habt ihr alle die gleiche Ordnung?

5 Bastelt Zerlegungsstreifen zur 4, zur 6 oder zur 7.

Wie viele Zerlegungsstreifen gibt es zu jeder Zahl?

Beilage zum Schülerbuch: Zerlegungsstreifen zur 5

6 a) Erstelle Zerlegungsstreifen zur 10.

b) Ordne die Zerlegungsstreifen zur 10.
Schreibe die Aufgaben auf.

c) Vergleiche mit deinem Partner. Habt ihr die gleiche Ordnung?

7 Spiele das Hoppla-Spiel zur 10 mit einem Partner.

8 Zusammen 10: Finde die Partnerzahl.

a) 5 + ☐
☐ + 5

b) 6 + ☐
☐ + 6

c) 7 + ☐
☐ + 7

d) 8 + ☐
☐ + 8

e) 9 + ☐
☐ + 9

f) 10 + ☐
☐ + 10

9 Zusammen 10: Finde die Partnerzahl.

a)	b)	c)	d)	e)
6 + ☐	2 + ☐	10 + ☐	☐ + 0	☐ + 8
9 + ☐	5 + ☐	1 + ☐	☐ + 1	☐ + 7
8 + ☐	3 + ☐	0 + ☐	☐ + 2	☐ + 6
7 + ☐	4 + ☐	9 + ☐	☐ + 3	☐ + 5

10 Zusammen 20: Finde viele Aufgaben.

Kunst mit Flächenformen

AH S. 29

Paul Klee: Bauhaus

1 Wo findest du diese Ausschnitte? Zeige sie deinem Partner.

2 Welche Flächenformen hat Paul Klee verwendet? Wie heißen sie?

3 Das sind alles Dreiecke:

Suche diese Dreiecke im Bild. Zeige und beschreibe.

4 Das sind alles Vierecke:

Suche diese Vierecke im Bild. Zeige und beschreibe.

5 Schau dir die beiden Flächenformen von Fredo an.

a) Überlege alleine: Was ist gleich? Was ist anders?

b) Frage nun deinen Partner.
Tauscht euch aus.

c) Sprecht darüber in der Klasse.

das Viereck	die Flächenform
die Ecke	der Kreis
die Seite	das Dreieck
gleich lang	das Rechteck
	das Quadrat

6 Welches Viereck: Rechteck oder Quadrat?
Woran erkennst du das? Erkläre.

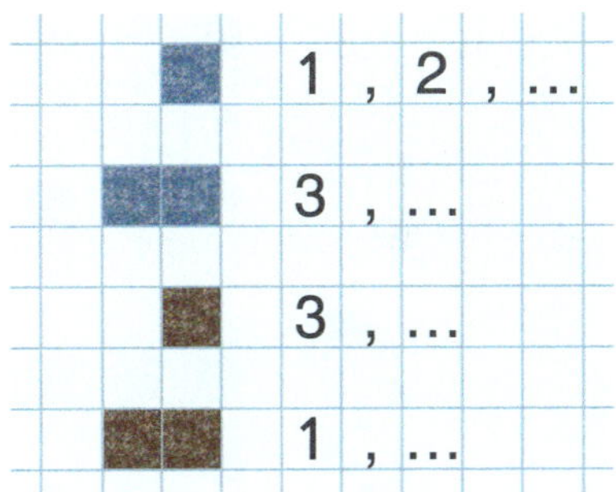

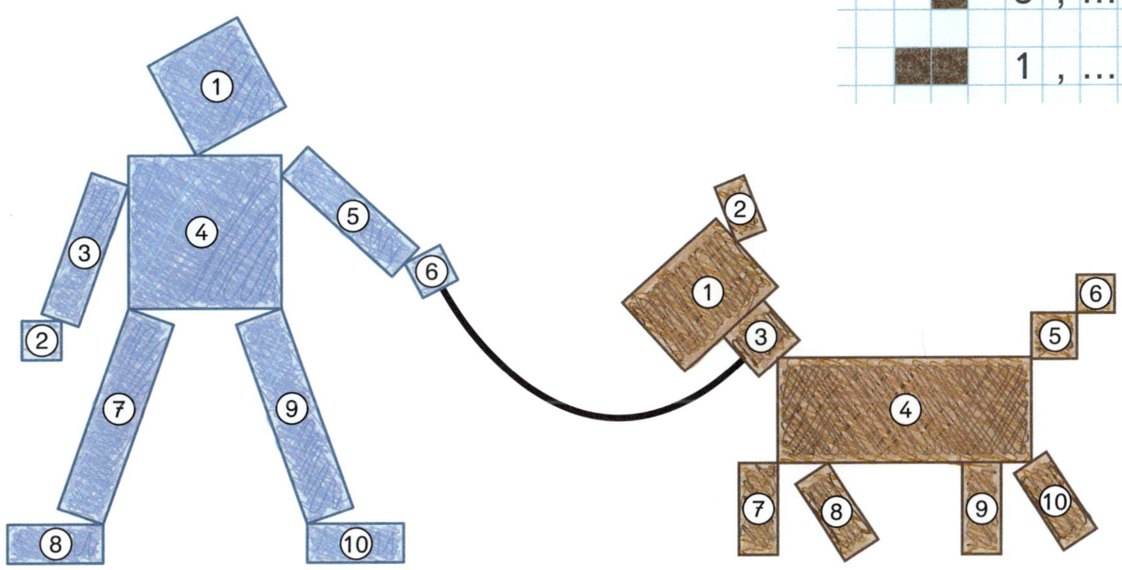

Male, klebe oder stemple ein Bild mit Flächenformen wie Paul Klee.

10 gewinnt

0 + 5 = 5
5 + 2 = 7
7 ______

1 a) So haben Anton und Anni gespielt. Erkläre.

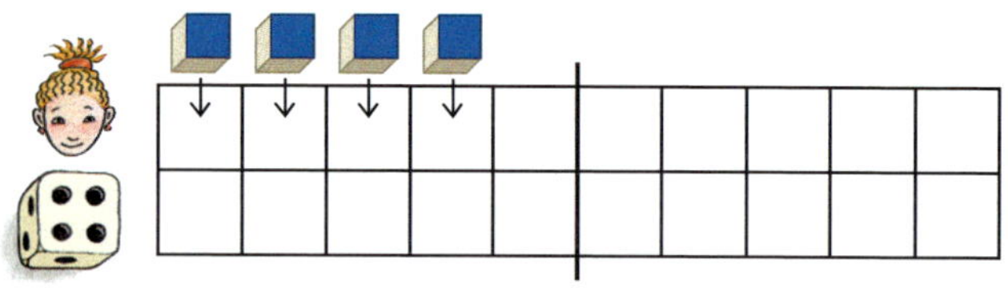

0 + 4 = 4

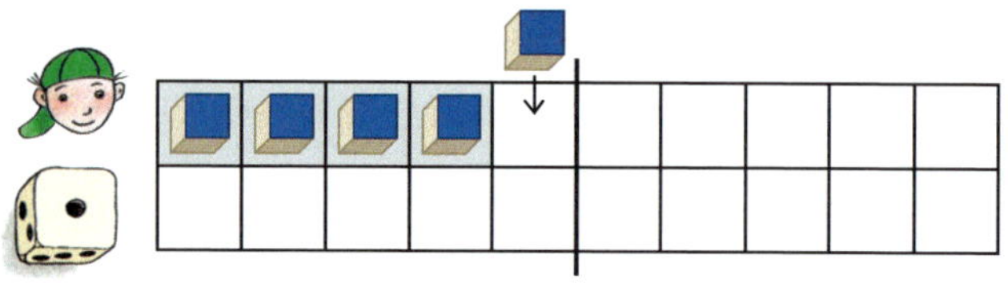

4 + ☐ = ☐

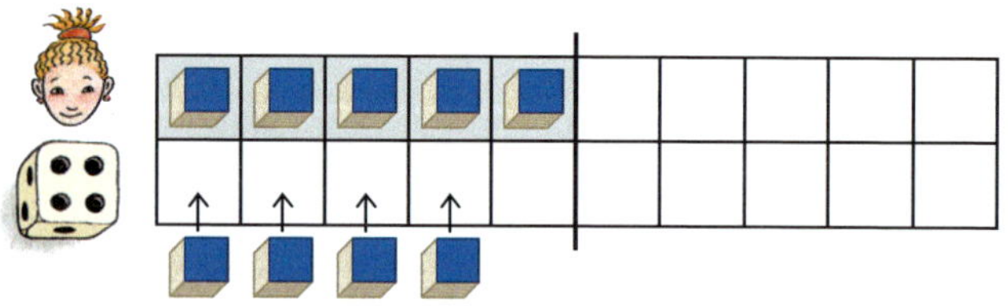

☐ + ☐ = ☐

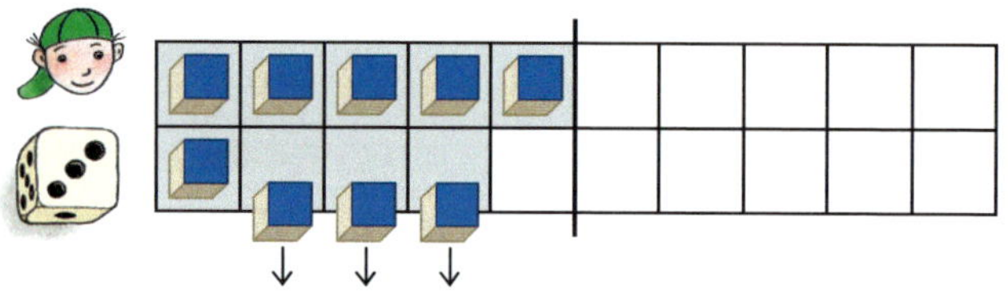

☐ – ☐ = ☐

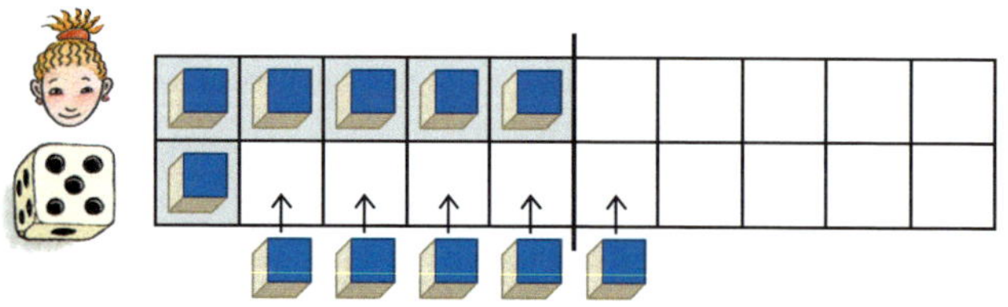

☐ + ☐ = ☐

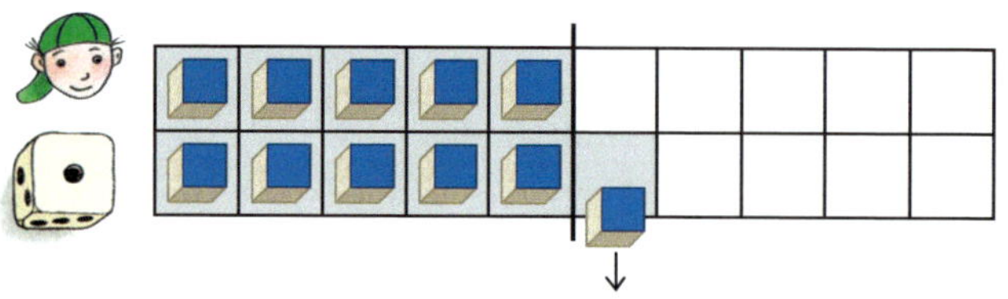

☐ – ☐ = 10

b) Legt nach und schreibt die Rechnung.

2 Spielt das Spiel „10 gewinnt“.

Beilage zum Schülerbuch: Zwanzigerfeld

3 Lege und rechne.

a)

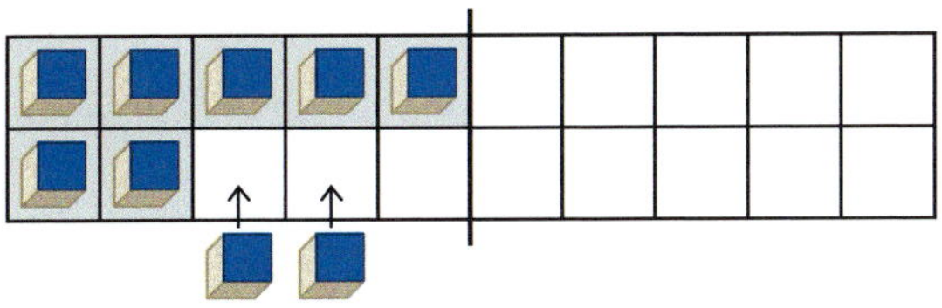

7 + ☐ = ☐

b)

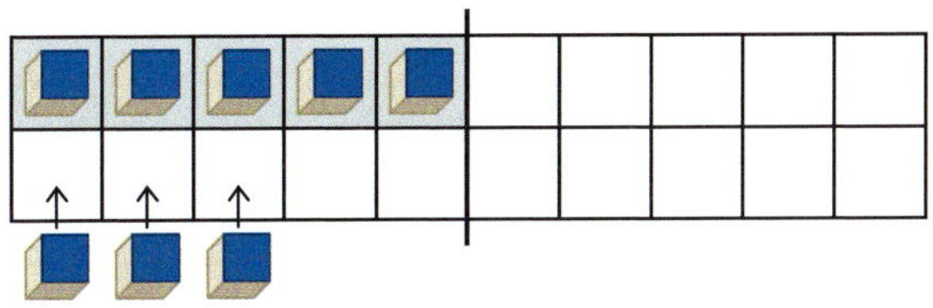

5 + ☐ = ☐

c)

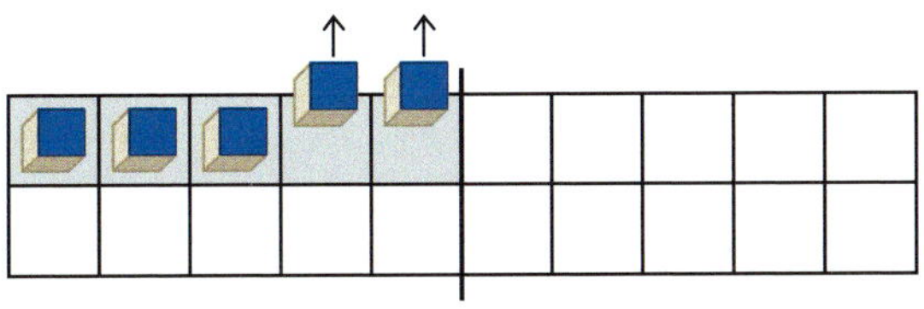

5 − ☐ = ☐

d)

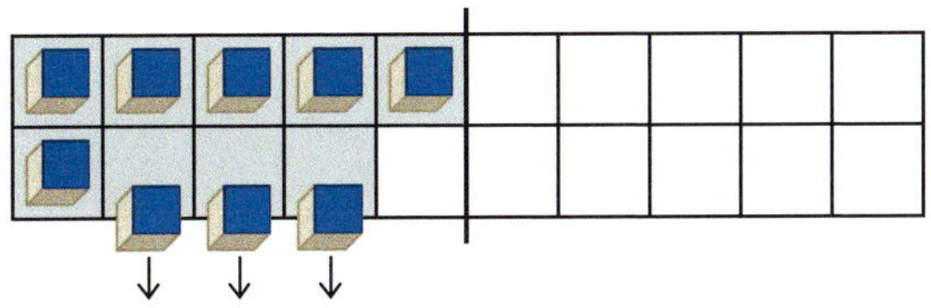

9 − ☐ = ☐

e)

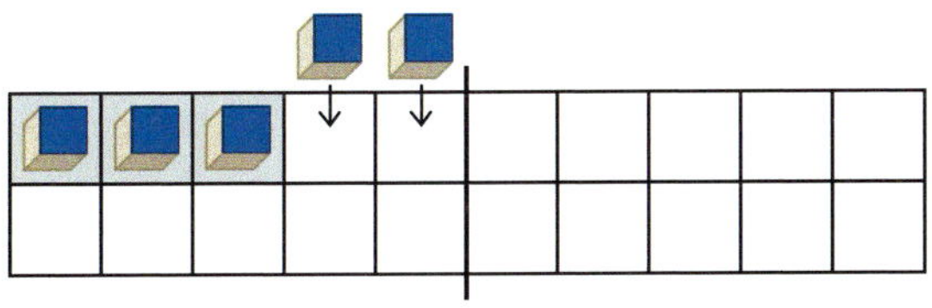

3 + ☐ = ☐

f)

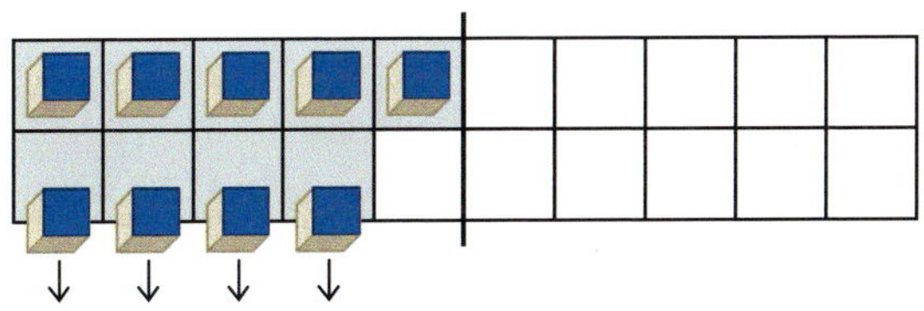

9 − ☐ = ☐

4 ⊕ oder ⊖?
Lege, würfle und entscheide.

a) 8 ⊖ 1 = 7
5 ◯ ☐ = ☐
3 ◯ ☐ = ☐
4 ◯ ☐ = ☐

b) 6 ◯ ☐ = ☐
7 ◯ ☐ = ☐
9 ◯ ☐ = ☐
2 ◯ ☐ = ☐

5 Was musst du würfeln, um zu gewinnen?

a) 8 ◯ ☐ = 10
9 ◯ ☐ = 10
13 ◯ ☐ = 10

b) 14 ◯ ☐ = 10
4 ◯ ☐ = 10
11 ◯ ☐ = 10

c) 9 ◯ ☐ = 10
5 ◯ ☐ = 10
12 ◯ ☐ = 10

d) 6 ◯ ☐ = 10
15 ◯ ☐ = 10
7 ◯ ☐ = 10

6 Spielt „8 gewinnt“. Schreibt die Rechnungen.

7 Spielt „15 gewinnt“. Schreibt die Rechnungen.
Ihr könnt auch mit 2 Spielwürfeln spielen.

AH S. 30

1 Wie viele?

Wie viele  sind es?

Wie viele  fressen?

Wie viele  sind am Baum?

Wie viele  sind braun?

Wie viele  sind es?

Wie viele ... ?

2 Welche Aufgabe passt?

$6 + 4 =$ ☐ $4 + 3 =$ ☐ $5 + 3 =$ ☐

a) 

b) 

c) 

3 Finde eine passende Aufgabe zum Bild.

a)

b)

c)

d)

4 Male Bilder zu den Aufgaben 5 + 2 und 3 + 7.

Male selbst ein Bild mit versteckten Aufgaben.

AH S. 32, 33

1 Erzähle zum Bild. Was meint Fredo?

2 Lege zwei Dreibild-Geschichten. Schreibe die Rechnungen dazu.

a)

?	?	?
☐	○ ☐	= ☐

b)

?	?	?
☐	○ ☐	= ☐

3 Finde eine Plus-Geschichte und lege sie.

?	?	?
☐	+ ☐	= ☐

➞ Beilage zum Schülerbuch: Bilder für Dreibild-Geschichten

4 Finde eine Minus-Geschichte und lege sie.

? | ? | ?

☐ ⊖ ☐ = ☐

5 Plus oder minus? Erzähle und rechne.

a)

8 ⊖ ☐ = ☐

b)

☐ ◯ ☐ = ☐

c)

☐ ◯ ☐ = ☐

6 Wie geht es weiter? Male.

 ? | ?

☐ ◯ ☐ = ☐

Male eigene Dreibild-Geschichten zu 3 + 5 und 6 – 3.

5+3=

1 Lege wie Anni oder Anton. Rechne.

4 + 5 =

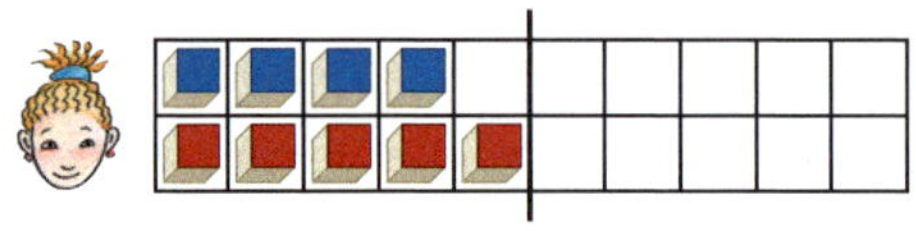

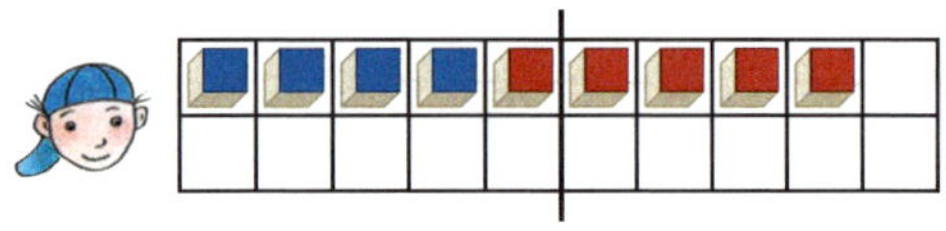

a) 4 + 5 =
7 + 3 =
2 + 6 =
3 + 4 =

b) 6 + 3 =
2 + 8 =
5 + 2 =
4 + 4 =

2 Schreibe passende Plusaufgaben.

a)
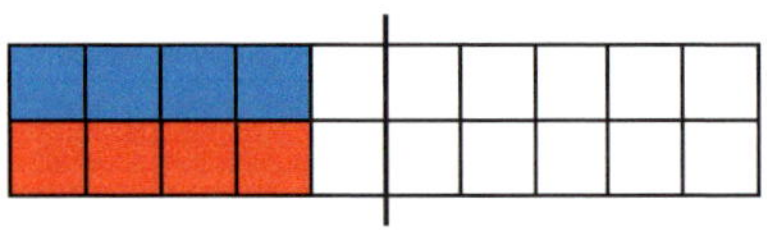
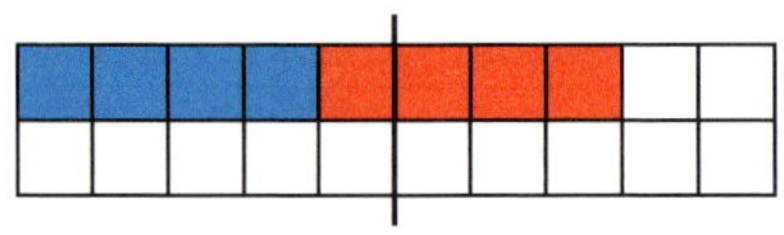
+ =

b)
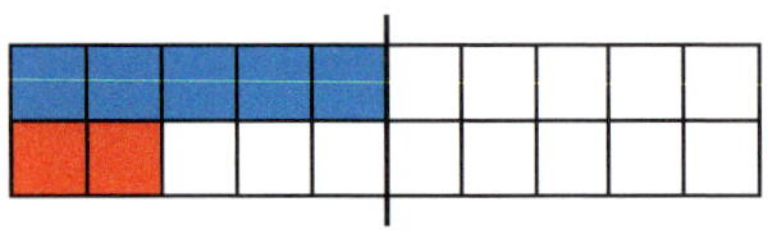
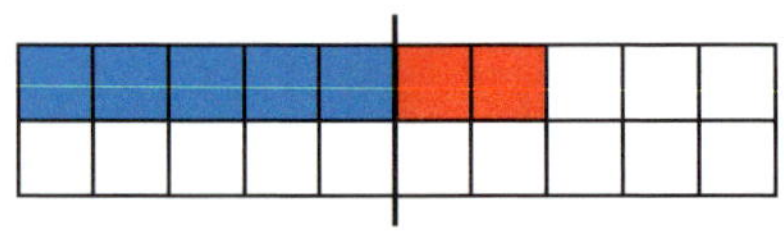
+ =

c)
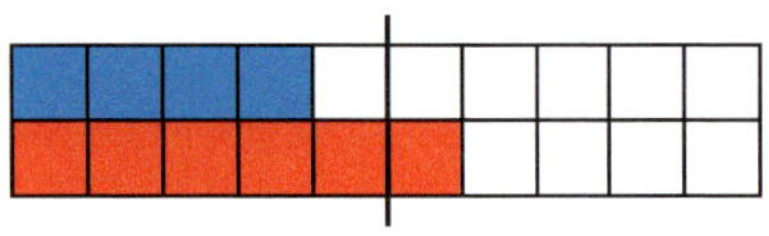
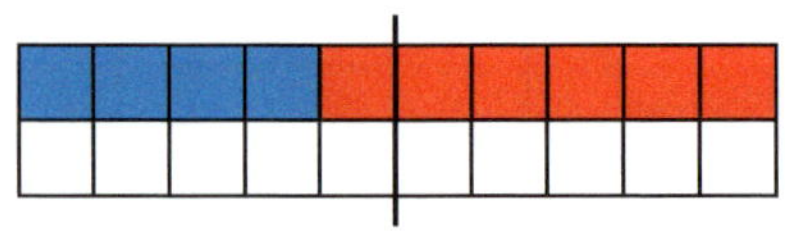
+ =

d)
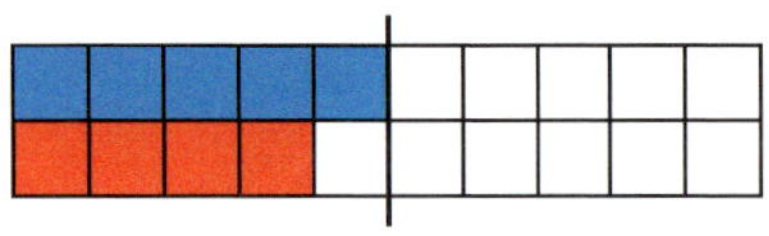
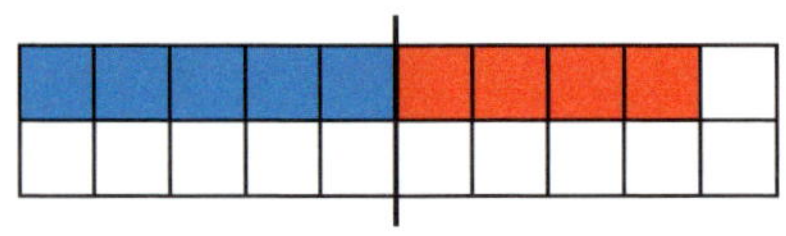
+ =

Beilage zum Schülerbuch: Zwanzigerfeld

3 Lege und rechne. Was fällt dir auf? Erkläre.

a) 5 + 3 = ☐
5 + 4 = ☐
5 + 5 = ☐

b) 5 + 2 = ☐
6 + 2 = ☐
7 + 2 = ☐

c) 2 + 3 = ☐
3 + 4 = ☐
4 + 5 = ☐

d) 1 + 2 = ☐
2 + 4 = ☐
3 + 6 = ☐

4 Rechne.

a) 4 + 4 = ☐
6 + 4 = ☐
7 + 3 = ☐

b) 2 + 6 = ☐
3 + 3 = ☐
6 + 3 = ☐

c) 6 + ☐ = 10
3 + ☐ = 5
4 + ☐ = 7

d) 3 + ☐ = 8
2 + ☐ = 7
0 + ☐ = 9

5 Suche passende Aufgaben.

a) Ergebnis
kleiner als 5
2 + 1
...

b) Ergebnis
größer als 5
4 + 3
...

c) Ergebnis
ist gleich 1 0
7 + 3
...

6 Rechne. Wie geht es weiter? Erkläre.

a) 6 + 0 = ☐
6 + 1 = ☐
6 + 2 = ☐
☐ + ☐ = ☐

b) 1 + 5 = ☐
2 + 5 = ☐
3 + 5 = ☐
☐ + ☐ = ☐

c) 2 + 0 = ☐
3 + 1 = ☐
4 + 2 = ☐
☐ + ☐ = ☐

7 Rechne. Wie geht es weiter? Erkläre.

a) 6 + 5 = ☐
6 + 6 = ☐
6 + 7 = ☐
☐ + ☐ = ☐

b) 4 + 7 = ☐
5 + 7 = ☐
6 + 7 = ☐
☐ + ☐ = ☐

c) 9 + 0 = ☐
10 + 1 = ☐
11 + 2 = ☐
☐ + ☐ = ☐

Schreibe Aufgaben, die du schon rechnen kannst.

Tauschaufgaben

die Tauschaufgabe
Zahlen tauschen
das Ergebnis
bleibt gleich

1 Immer zwei Aufgaben: Rechne.

a) 3 + 2 =
2 + 3 =

a)

b)

c)

d)

e)

f)

2 Aufgabe und Tauschaufgabe: Rechne.

a) 6 + 4 = 10
4 + 6 =

b) 3 + 1 = 4
1 + 3 =

c) 2 + 7 =
7 + 2 =

d) 4 + 2 =
2 + 4 =

e) 5 + 3 =
3 + 5 =

f) 9 + 0 =
0 + 9 =

3 Aufgabe und Tauschaufgabe: Rechne.

a) 8 + 2	b) 0 + 8
c) 3 + 6	d) 4 + 5
e) 9 + 1	f) 6 + 2

a) 8 + 2 = 10
2 + 8 =

b) 0 + 8 =
 + =

4 Welche Aufgabe ist einfacher? Rechne.

a) 5 + 1
1 + 5

b) 2 + 6
6 + 2

c) 8 + 1
1 + 8

d) 3 + 7
7 + 3

e) 5 + 2
2 + 5

5 Bilde viele Plusaufgaben.

a) 3 4 5 6
3 + 4 = 7
…

b) 2 3 6 7
2 + 3 = 5
…

c) 2 1 8 ?
2 + 1 = 3
…

Zum Ergebnis 3 gibt es vier Plusaufgaben.

Notiere alle Aufgaben zum Ergebnis 4, 5, 6, 7 …

(3)
0 + 3
1 + 2
2 +
3 +

1 Lege aus.

→ Beilage zum Schülerbuch: Flächenformen

das Dreieck
das Rechteck
das Quadrat

2 a) Lege aus.
Finde verschiedene Möglichkeiten.

 b) Vergleiche mit deinem Partner.

3 Findest du auch hier mehrere Lösungen?

Lege selbst Häuser. Male das kleinste und das größte Haus.

AH S. 38

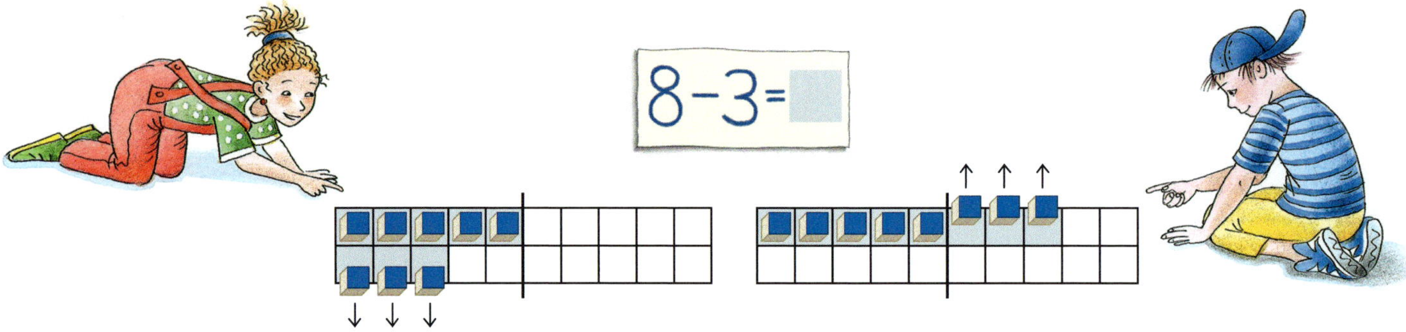

1 Lege wie Anni oder Anton. Rechne.

9 – 4 = ___

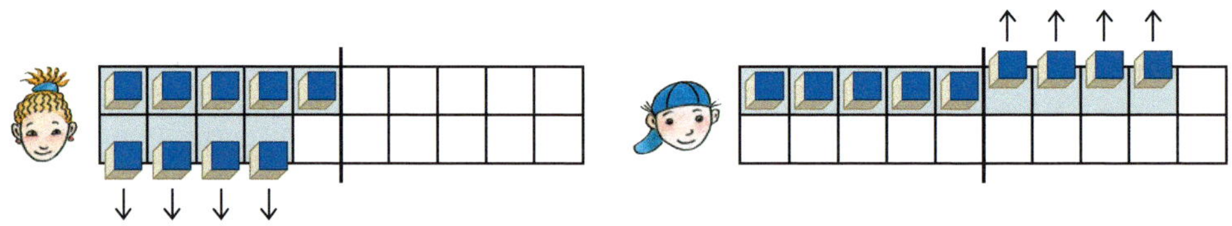

a) 9 – 4 = ___
10 – 5 = ___
7 – 3 = ___
8 – 6 = ___

b) 6 – 4 = ___
9 – 6 = ___
10 – 7 = ___
8 – 4 = ___

2 Schreibe passende Minusaufgaben.

a) 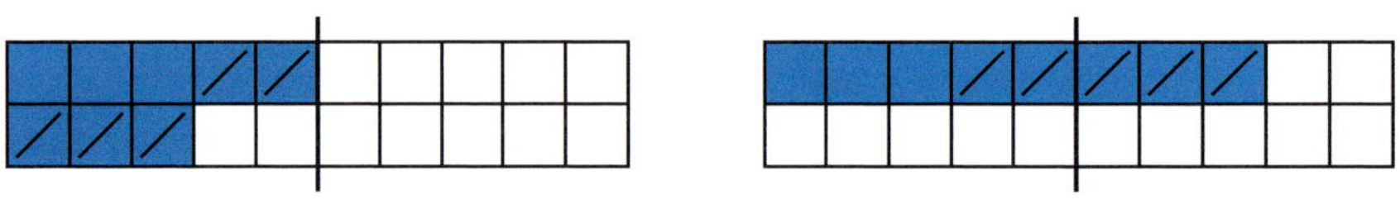 ___ – ___ = ___

b) 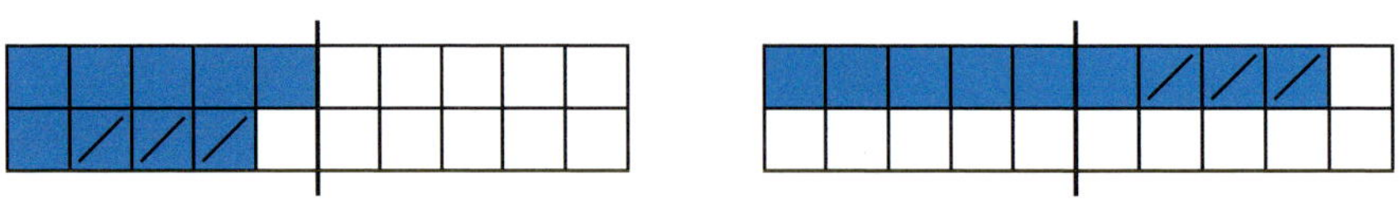 ___ – ___ = ___

c) 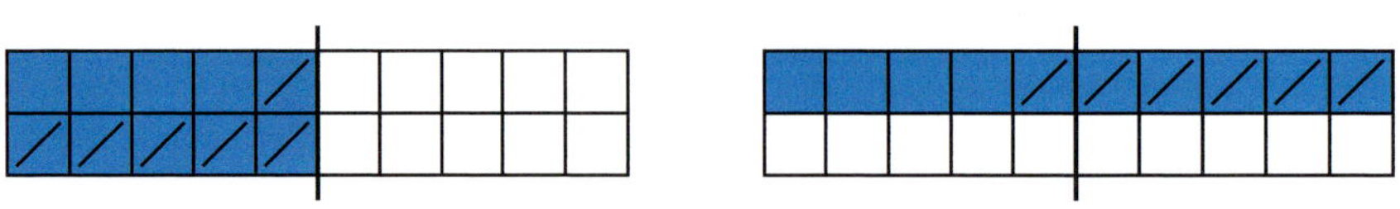 ___ – ___ = ___

d) 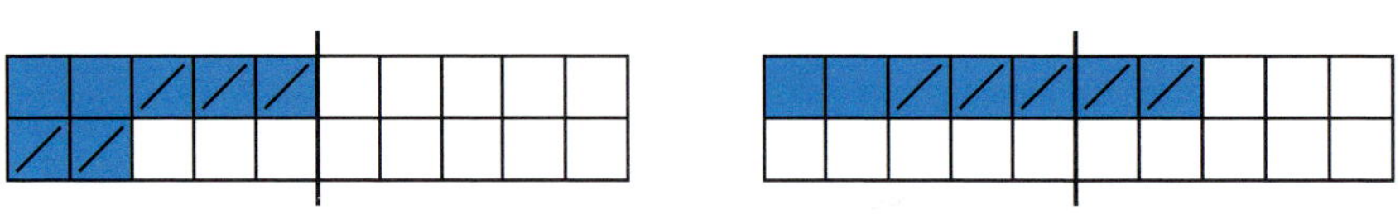 ___ – ___ = ___

→ Beilage zum Schülerbuch: Zwanzigerfeld

3 Lege und rechne.

a)	b)	c)	d)
9 – 3 = ☐	7 – 4 = ☐	6 – 6 = ☐	8 – 5 = ☐
4 – 3 = ☐	5 – 3 = ☐	10 – 5 = ☐	6 – 0 = ☐
5 – 4 = ☐	9 – 7 = ☐	7 – 3 = ☐	10 – 8 = ☐

4 Rechne.

a)	b)	c)	d)
8 – 6 = ☐	9 – 4 = ☐	10 – ☐ = 6	9 – ☐ = 2
6 – 3 = ☐	8 – 4 = ☐	6 – ☐ = 1	7 – ☐ = 3
10 – 7 = ☐	7 – 6 = ☐	8 – ☐ = 0	8 – ☐ = 1

5 Rechne. Wie geht es weiter? Erkläre.

a)	b)	c)
10 – 9 = ☐	6 – 5 = ☐	6 – 1 = ☐
10 – 8 = ☐	7 – 4 = ☐	7 – 3 = ☐
10 – 7 = ☐	8 – 3 = ☐	8 – 5 = ☐
☐ – ☐ = ☐	☐ – ☐ = ☐	☐ – ☐ = ☐

6 Rechne. Wie geht es weiter? Erkläre.

a)	b)	c)	d)
7 – 3	12 – 9	6 – 1	11 – 5
8 – 4	10 – 7	8 – 3	10 – 4
9 – 5	8 – 5	10 – 5	9 – 3
☐ – ☐	☐ – ☐	☐ – ☐	☐ – ☐

7 Bilde viele Minusaufgaben.

a) 3 7 9 5	b) 4 8 2 1	c) 5 6 2 ?
9 – 7 = 2	4 – 2 = ☐	☐ – ☐ = ☐
…	…	…

Schreibe Minusaufgaben, die du schon rechnen kannst.

AH S. 39

10 – 4 = 6

6 + 4 = 10

die Umkehraufgabe
Aus plus wird minus.
Aus minus wird plus.

1 Erzähle zu den Bildern. Vergleiche die beiden Aufgaben.
Was fällt dir auf?

2 Rechne Aufgabe und Umkehraufgabe.

a) 10 – ☐ = ☐
2 + ☐ = ☐

b) ☐ – ☐ = ☐
☐ + ☐ = ☐

c) ☐ – ☐ = ☐
☐ + ☐ = ☐

d) ☐ – ☐ = ☐
☐ + ☐ = ☐

e) ☐ – ☐ = ☐
☐ + ☐ = ☐

f) ☐ – ☐ = ☐
☐ + ☐ = ☐

3 Rechne Aufgabe und Umkehraufgabe.

a) 7 – 4 = 3
3 + 4 = ☐

b) 9 – 3 = ☐
6 + 3 = ☐

7 – 4 = 3
3 + 4 = 7

c) 6 – 5 = ☐
1 + 5 = ☐

d) 3 – 3 = ☐
0 + 3 = ☐

e) 8 – 4 = ☐
4 + 4 = ☐

f) 9 – 5 = ☐
4 + 5 = ☐

4 Rechne und finde die Umkehraufgabe.

a) 9 – 6 = ☐ / ☐ + 6 = ☐
b) 8 – 3 = ☐ / ☐ + 3 = ☐
c) 10 – 4 = ☐ / ☐ + 4 = ☐
d) 9 – 4 = ☐ / ☐ + 4 = ☐

e) 8 – 5 = ☐ / ☐ + ☐ = ☐
f) 9 – 7 = ☐ / ☐ + ☐ = ☐
g) 5 – 0 = ☐ / ☐ + ☐ = ☐
h) 10 – 6 = ☐ / ☐ + ☐ = ☐

5 Rechne Aufgabe und Umkehraufgabe.

a) 4 + 3 = 7 / 7 – 3 = ☐
b) 2 + 4 = ☐ / 6 – 4 = ☐
c) 3 + 6 = ☐ / 9 – 6 = ☐
d) 4 + 4 = ☐ / 8 – 4 = ☐

e) 2 + 6 = ☐ / 8 – 6 = ☐
f) 5 + 3 = ☐ / 8 – 3 = ☐
g) 4 + 1 = ☐ / 5 – 1 = ☐
h) 7 + 2 = ☐ / 9 – 2 = ☐

6 Rechne und finde die Umkehraufgabe.

a) 5 + 4 = 9 / 9 – ☐ = ☐
b) 3 + 4 = ☐ / ☐ – ☐ = ☐
c) 4 + 2 = ☐ / ☐ – ☐ = ☐
d) 3 + 5 = ☐ / ☐ – ☐ = ☐

e) 7 + 3 = ☐ / ☐ – ☐ = ☐
f) 2 + 6 = ☐ / ☐ – ☐ = ☐
g) 6 + 4 = ☐ / ☐ – ☐ = ☐
h) 1 + 6 = ☐ / ☐ – ☐ = ☐

7 Rechne und finde die Umkehraufgabe.

a) 5 + 2	b) 7 – 3	c) 9 – 7	d) 3 + 6
e) 6 – 5	f) 4 + 3	g) 0 + 8	h) 9 – 4
i) 2 + 8	j) 1 + 5	k) 7 – 7	l) 8 – 5

8 Finde jeweils die fehlende Zahl.

a) ☐ + 2 = 8
b) ☐ + 3 = 10
c) ☐ + 4 = 12
d) ☐ + 5 = 16

e) ☐ – 6 = 3
f) ☐ – 4 = 5
g) ☐ – 7 = 9
h) ☐ – 8 = 4

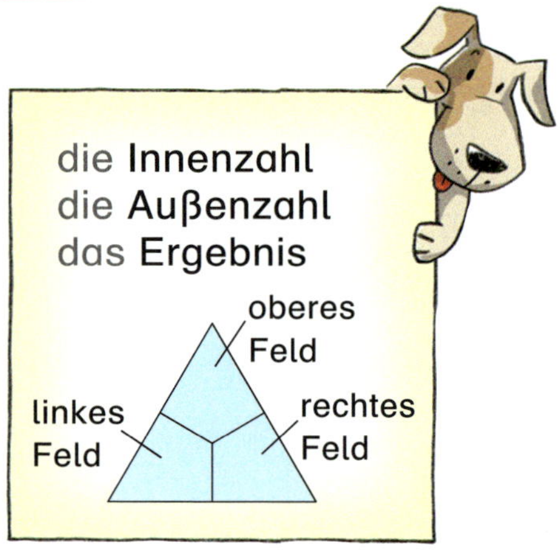

1 a) Wie können Anton und Anni die 5 Würfel noch verteilen?
Finde 3 Möglichkeiten.

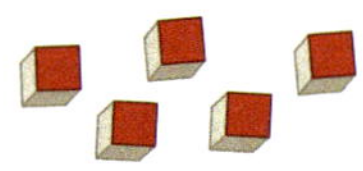

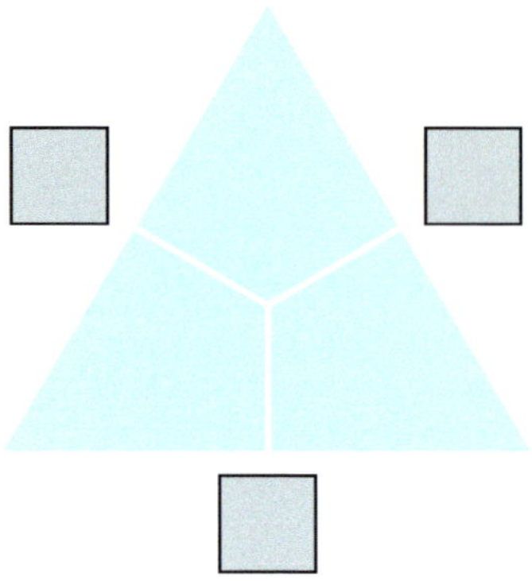

b) Vergleiche mit deinem Partner.

2 Rechne.

a)

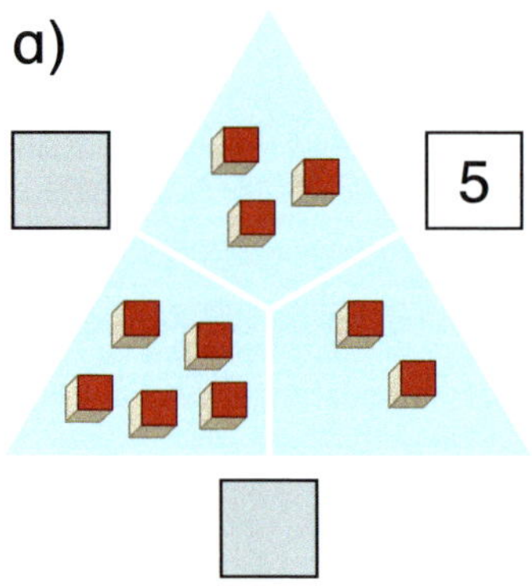

b)

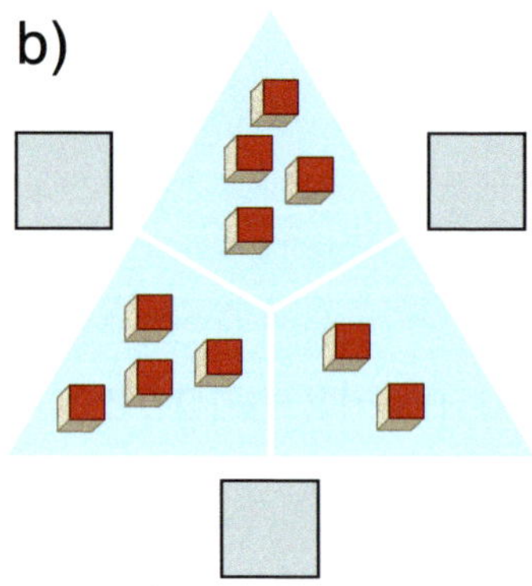

c)

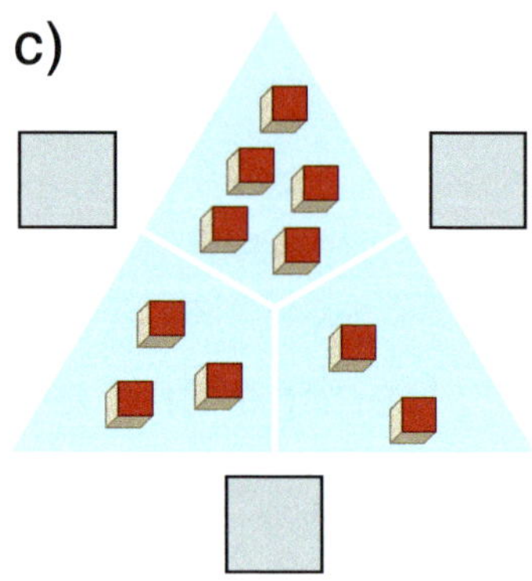

3 Rechne.

a)

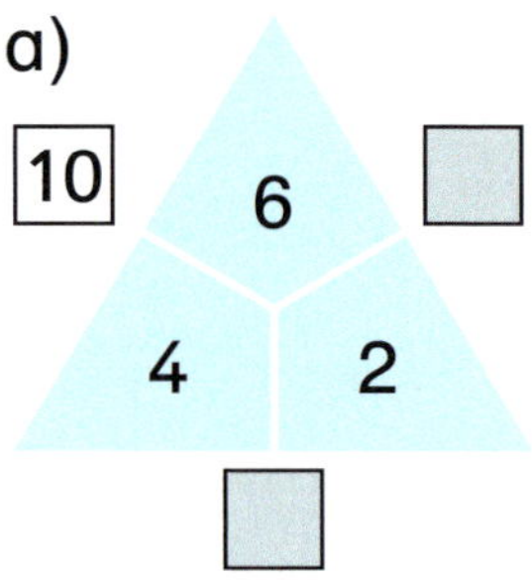

b)

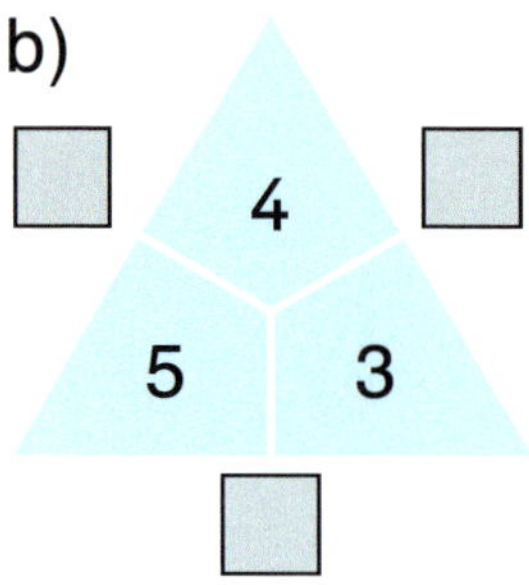

c)

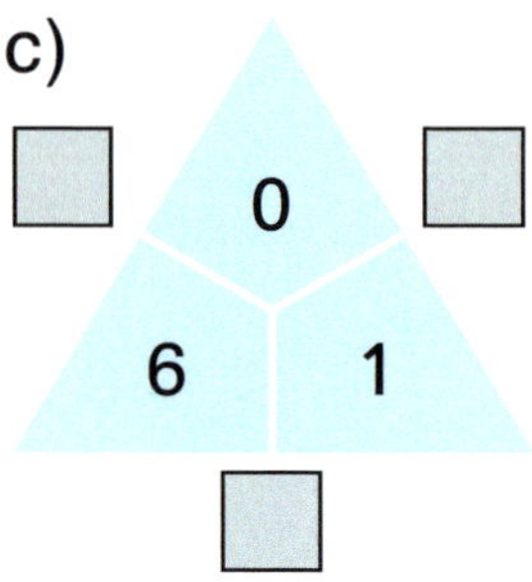

d)

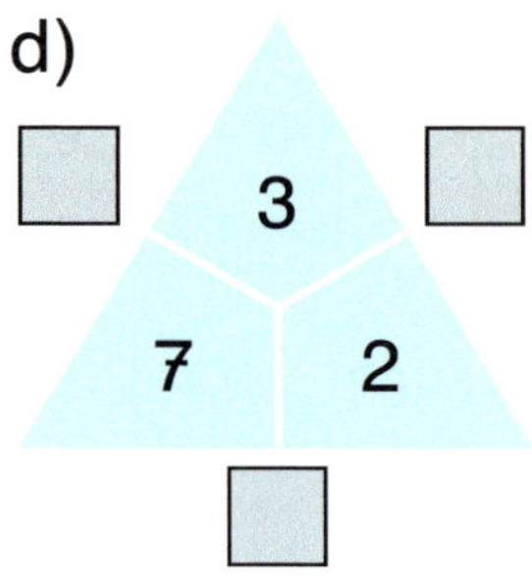

→ S. 128: Großes Rechendreieck

4 Lege und rechne.

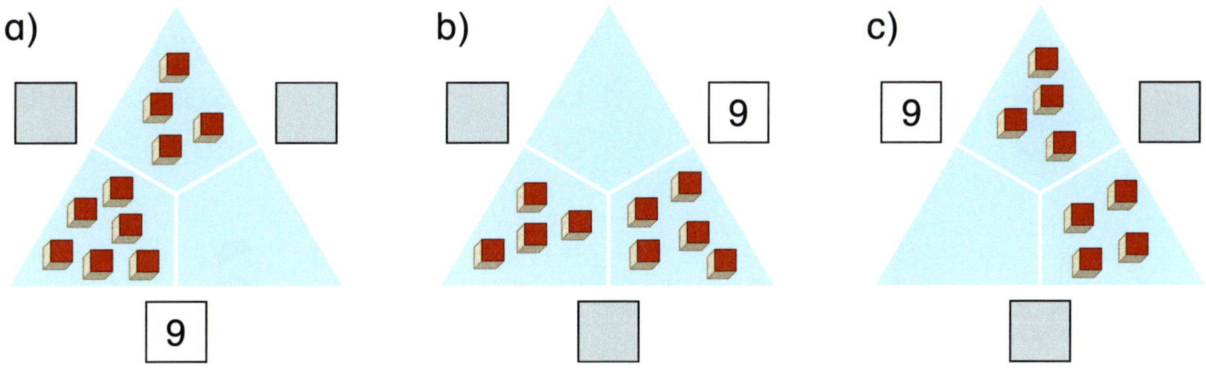

5 Rechne.

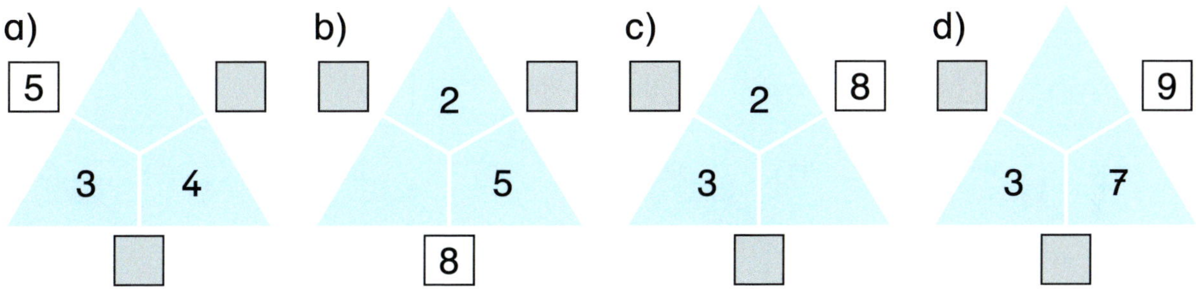

6 Rechne.

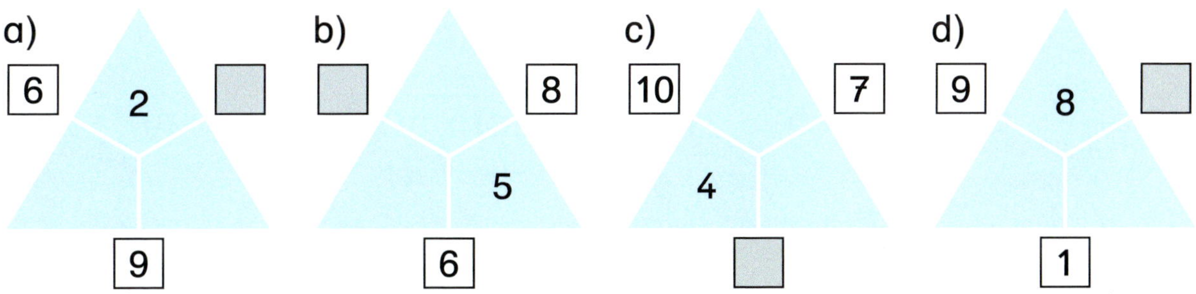

7 Wie ändern sich die Außenzahlen, wenn Fredo den blauen Würfel verschiebt? Erkläre.

Finde selbst Rechendreiecke.

1 Cent	2 Cent	5 Cent	10 Cent
1 ct	2 ct	5 ct	10 ct

1 Wer hat mehr Geld? Erkläre.

2 Wie viel Cent sind es? a) ct

a) b) c) d)

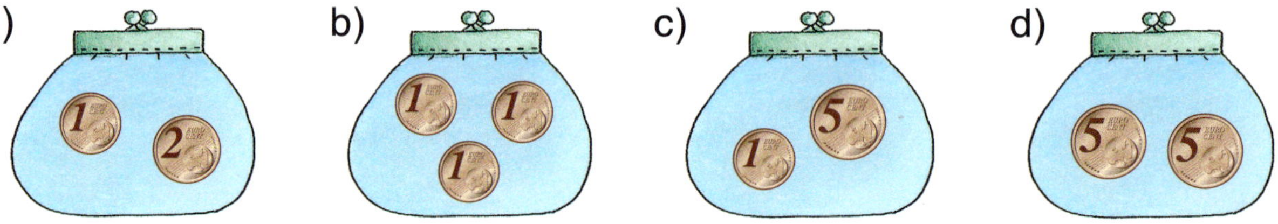

3 Wie viel Cent sind es? a) ct

a) b) c) d) e) f) g) h)

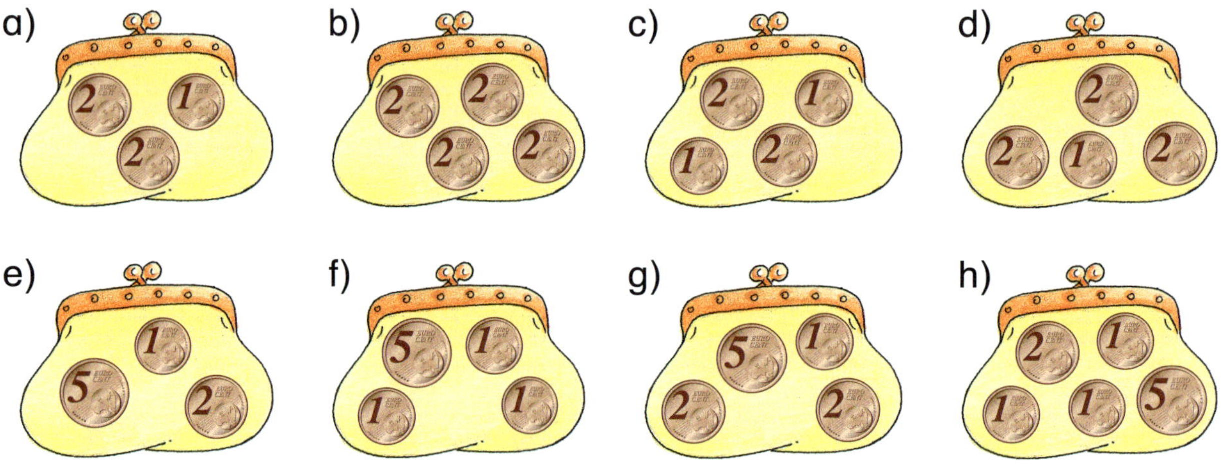

4 Welche Münzen können es sein? a) 7 ct ○ ○ ○ ○

a) b) c) d)

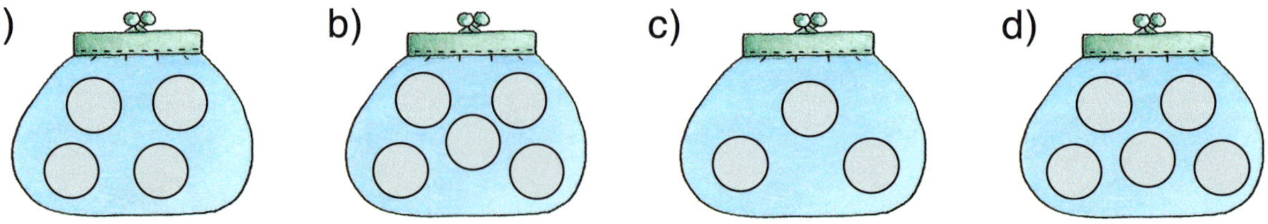

a) 7 ct b) 8 ct c) 9 ct d) 9 ct

5 Welche Münzen fehlen? Ergänze.

a) 5 ct ② ② ▢

a)

5 ct

b)

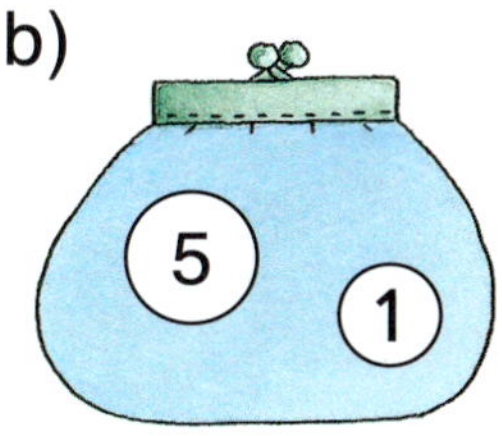

7 ct

c)

8 ct

d)

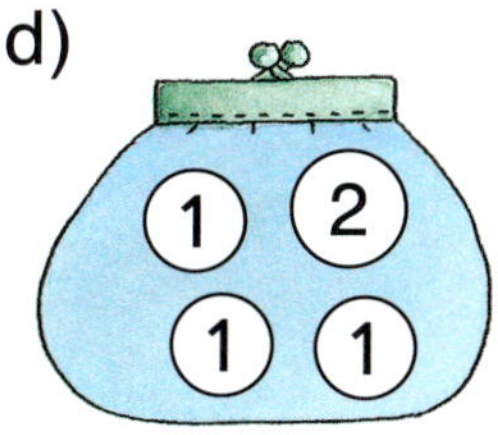

6 ct

6 Lege und zeichne. Vergleiche mit deinem Partner.

a) 4 ct ② ②

a) 

4 ct

b) 

5 ct

c) 

9 ct

d) 

7 ct

e) 

6 ct

f) 

8 ct

g) 

10 ct

h) 

▢ ct

7 Immer 10 Cent

10 ct ○ ○

10 ct ○ ○ ○ ○

10 ct ○ ○ ○ ○ ○

10 ct ○ ○ ○ ○ ○ ○

a) Immer 4 Münzen:
Wie viel Cent können es sein?

b) Immer 8 Cent: Lege und zeichne verschiedene Möglichkeiten.

①	①	①	①	4 ct
②	①	①	①	▢ ct
○	○	○	○	▢ ct

Beilage zum Schülerbuch: Rechengeld

1 Kannst du Anni helfen? Erkläre.

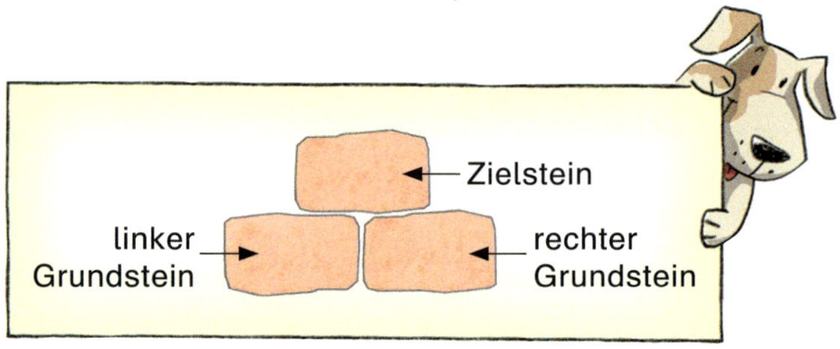

2 6 8 7 9 10

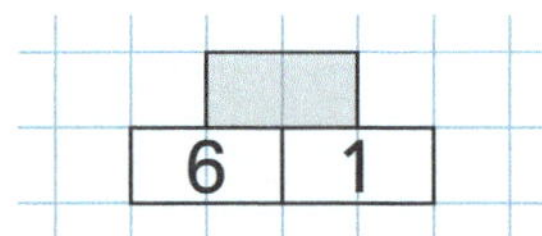

6 1 · 3 3 · 3 7 · 0 8 · 1 8

3 a) 4 3 · 2 6 · 7 3 · 1 5 · 0 4

b) 3 5 · 4 4 · 6 3 · 5 4 · 8 1

c) 2 7 · 4 6 · 2 5 · 9 0 · 4 5

4 a)

8		5		7		10		4	
6			1		4	2		0	

b)

6		9		3		5		8	
	3	3		3			3		3

5 a)

10		10		10		10		10	
3		4		5		6		7	

b) Was fällt dir bei diesen Rechenmauern auf? Erkläre.

c)

8		8		8		8		8	

6 a)

		14				18		20	
5	7		10	9	6	16			

b)

16		14		12				18	
13		8				7	6		9

7 Baue mit diesen Zahlen zwei Rechenmauern.
Du darfst jeden Stein nur einmal verwenden.

5	2	1
8	10	4

Wer findet die meisten Mauern
mit dem Zielstein 9 (7, 6, 5)?
Zeichne und schreibe.

9	

1 Lege mit deinen Zahlenkarten Aufgaben wie Anni und Anton.

	+		=	

	–		=	

Schreibe deine Aufgaben auf.

2 3 Zahlen – 4 Aufgaben

a) 5 7 2

5 + 2 =
2 + 5 =
7 – 5 =
7 – 2 =

b) 3 4 1

3	+		=	
1	+		=	
4	–		=	
4	–		=	

c) 3 9 6

3	+		=	
6	+		=	
9	–		=	
9	–		=	

3 3 Zahlen – 4 Aufgaben

a) 4 6 2 b) 2 5 3 c) 2 8 6

d) 7 9 2 e) 4 7 3 f) 3 2 1

4 Das faule Ei: Eine Karte passt nicht. Schreibe auf.

a) 6 9 (4) 3 b) 2 1 6 3 c) 7 4 5 2

d) 3 5 6 8 e) 5 3 6 1 f) 2 0 3 1

g) 6 4 7 1 h) 9 6 5 4 i) 6 2 8 5

→ Beilage zum Schülerbuch: Zahlenkarten und Rechenzeichen, Legeraster

Die verdeckte Karte

AH S. 44

1 Spielt das Spiel „Die verdeckte Karte“: Erst legen, dann kontrollieren.

2

a) 4 + ☐ = 9 · 2 + ☐ = 6 · Karten: 4, 5

b) 3 + ☐ = 8 · 1 + ☐ = 4 · Karten: 5, 3

c) 6 + ☐ = 7 · 3 + ☐ = 5 · Karten: 2, 1

3

a) 8 – ☐ = 2 · 5 – ☐ = 1 · Karten: 4, 6

b) 7 – ☐ = 2 · 9 – ☐ = 3 · Karten: 5, 6

c) 9 – ☐ = 7 · 8 – ☐ = 5 · Karten: 3, 2

4

a) 4 + ☐ = 5 · 2 + ☐ = 7 · Karten: 2, 5, 1

b) 3 + ☐ = 9 · 1 + ☐ = 6 · Karten: 3, 6, 5

c) 6 + ☐ = 8 · 2 + ☐ = 5 · Karten: 3, 2, 1

5

a) 6 – ☐ = 2 · 7 – ☐ = 2 · Karten: 3, 5, 4

b) 8 – ☐ = 3 · 9 – ☐ = 2 · Karten: 3, 5, 7

c) 4 – ☐ = 3 · 5 – ☐ = 3 · Karten: 2, 1, 4

6

a) ☐ + 6 = 7 · ☐ + 7 = 9

b) ☐ + 4 = 9 · ☐ + 3 = 7

c) ☐ + 2 = 7 · ☐ + 1 = 5

7

a) ☐ – 1 = 3 · ☐ – 4 = 1

b) ☐ – 3 = 6 · ☐ – 5 = 3

c) ☐ – 4 = 3 · ☐ – 2 = 4

→ Beilage zum Schülerbuch: Zahlenkarten und Rechenzeichen, Legeraster

AH S. 46, 47

1 Welche Rechenaufgabe siehst du?
Schreibe auf. Begründe.

2 Male ab. Ergänze, was fehlt.

a) 

$3 + 4 = \square$

b) 

$5 + 2 = \square$

c) 

$6 + 2 = \square$

3 Welche Aufgabe passt? Rechne.

a) 

b) 

c) 

$2 + 4$ $3 + 4$ $2 + 3$ $7 - 3$ $8 - 2$ $9 - 3$

d) 

e) 

f) 

4 Welche Rechenaufgabe siehst du? Schreibe auf.
Finde verschiedene Möglichkeiten.

a) 

b) 

Male Rechengeschichten.

Muster erkennen und fortsetzen

AH S. 48

1 a) Stelle Quadrate her. Wie gehst du vor?

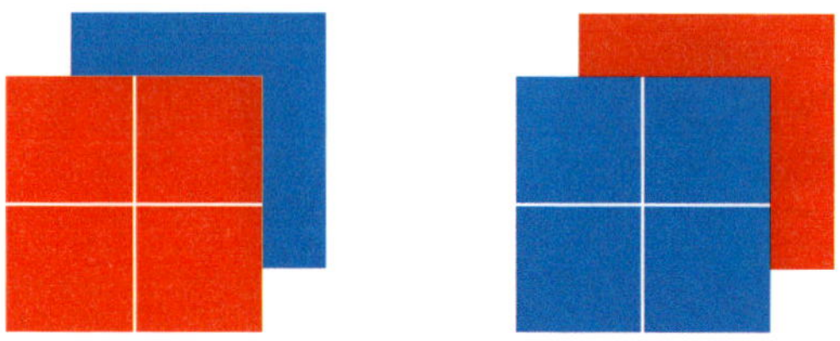

b) Lege diese Muster nach.

2 Beschreibe die Muster. Zeichne die Muster ab. Setze sie fort.

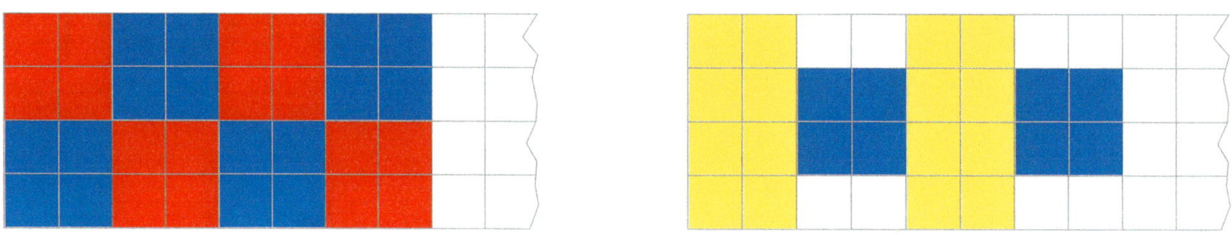

3 Beschreibe die Muster. Zeichne die Muster ab. Setze sie fort.

4 Beschreibe die Muster. Zeichne die Muster ab. Setze sie fort.

5 a) Stelle Dreiecke her. Wie gehst du vor?

b) Lege diese Muster nach.

Finde selbst Muster. Klebe oder male sie in dein Lerntagebuch.

AH S. 49

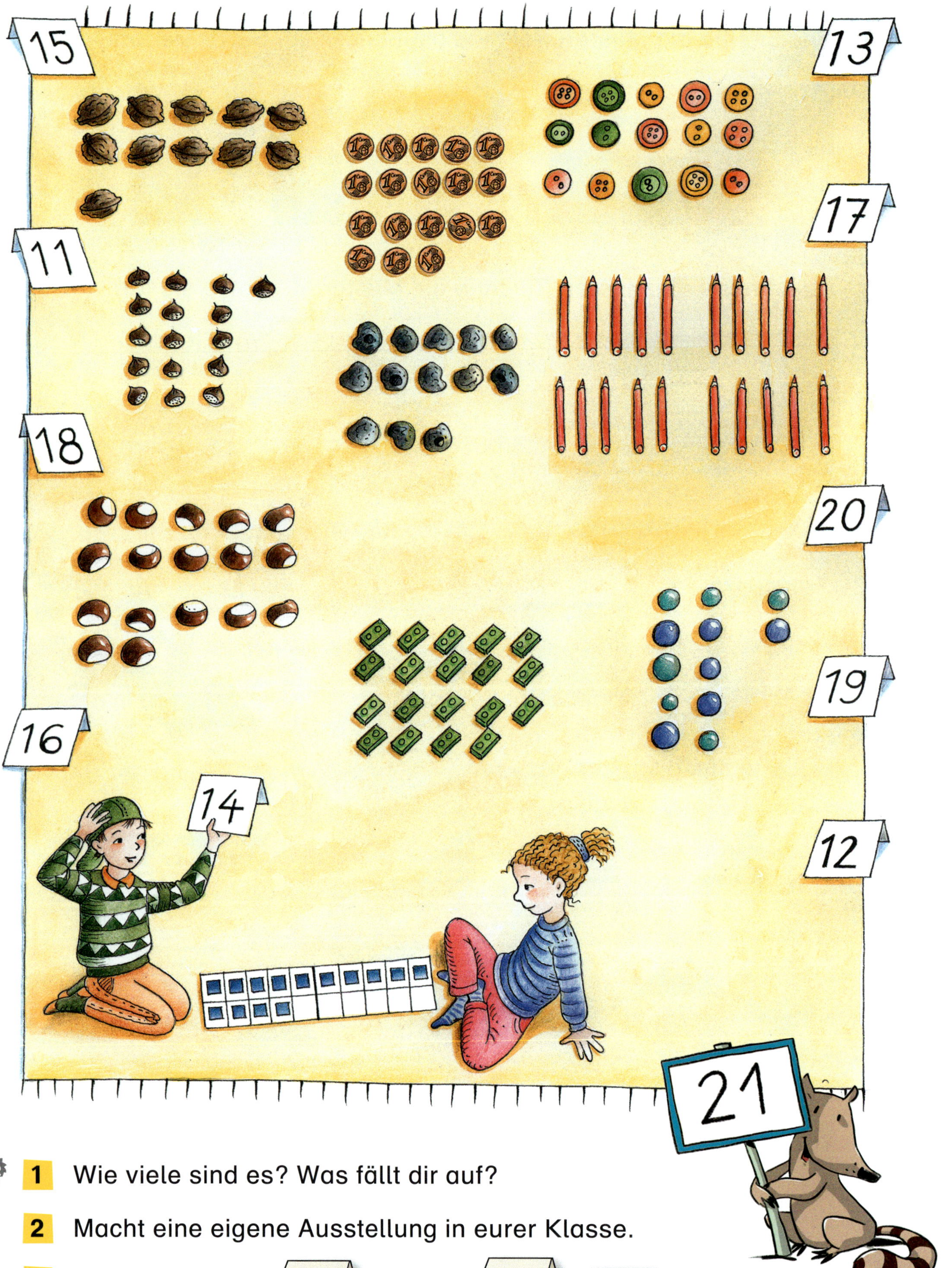

1 Wie viele sind es? Was fällt dir auf?

2 Macht eine eigene Ausstellung in eurer Klasse.

3 Lege wie Anni.

4 Lege mit den Zahlenkarten und schreibe.

a) 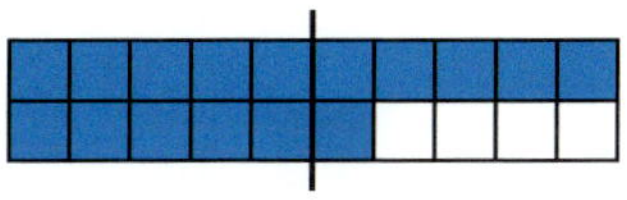

10 + 6 = 16

a) 10 + 6 = 16

b) 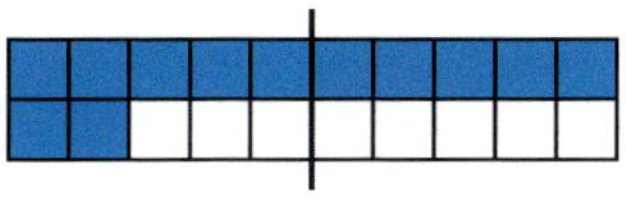

c) 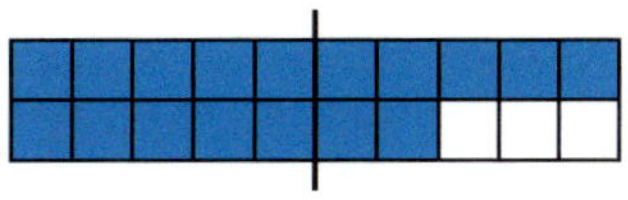

d) 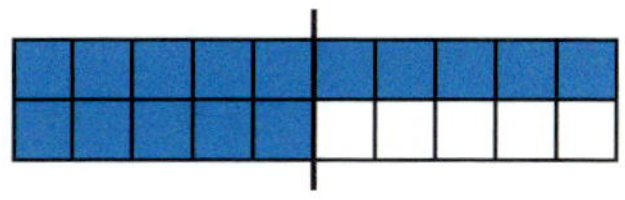

e) 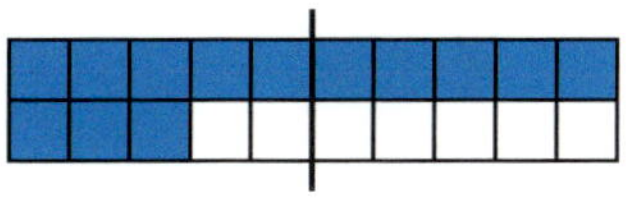

f) 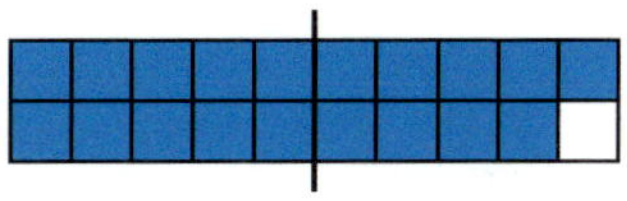

g) 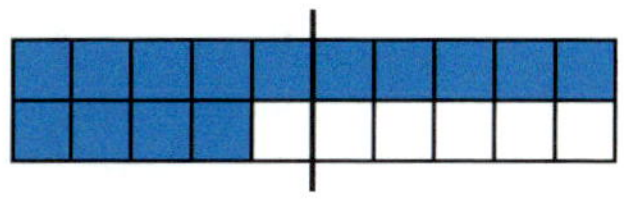

5 Lege mit den Zahlenkarten und schreibe.

a) 10 + 4 = 14
10 + 8 = ___
10 + 1 = ___
10 + 9 = ___

b) 10 + 5 = ___
10 + 3 = ___
10 + 2 = ___
10 + 7 = ___

6 Lege mit den Zahlenkarten und schreibe.

a) 15 = 10 + ___
16 = 10 + ___
14 = 10 + ___
11 = 10 + ___

b) 12 = 10 + ___
18 = 10 + ___
17 = 10 + ___
13 = 10 + ___

7 Lege Aufgaben mit den Zahlenkarten und schreibe.

7 10 5 10 4 9 2 3

7 + 4 + 2 = 13
19 − 2 = 17

AH S. 50

1	2	3	4		6	7	8	9	10
	12	13	14	15	16		18	19	20

1 Welche Zahlen hat Anni versteckt?
Woher weißt du das? Erkläre.

2 Spielt „Zahlen verstecken“.

3 Schreibe die fehlenden Zahlen auf.

a)

1	2		4	5	6	7	8		10
11	12	13		15			18	19	20

a)		3

b)

1	2	3		5	6	7		9	10
11			14	15	16	17	18	19	

c)

		3	4	5		7	8	9	
11	12	13	14			17	18	19	20

4 a)

3		5

b)

	8	

c)

16		18

d)

	13	

e)

8	9
	19

f)

2	3
12	

g)

6	
	17

h)

	5
14	

i)

9	
	20

5 a)

	3	
		14

b)

		4		
12				16

c)

	18	

d)

5	

vorwärts
rückwärts
die Zahlenfolge

1	2	3	4	5	6	7	8	9	10	11	12	13	14	15	16	17	18	19	20

1 Wie geht es weiter?

a) 11, 12, 13, ...

a)

12	13	14					20

b)

7	8	9					15

c)

16	15	14				9	8

d)

12	11						4

2 Wie geht es weiter?

a) 2, 4, 6, ...

1	2	3	4	5	6	7	8	9	10	11	12	13	14	15	16	17	18	19	20

a)

	2		4		6														20

b)

1		3		5														19

c)

20		18		16								8

d)

15		13		11								3

3 a)

1	4	7				

b)

20	16	12			

c)

20	19	17	14		

Finde eigene Zahlenfolgen am Zwanzigerstreifen.

Nachbarzahlen

AH S. 52

1 2 3 4 5 6 7 8 9 10 11 12 13 14 15 16 17 18 19 20

1 Wie heißt die Nachbarzahl?

die kleinere Nachbarzahl
die größere Nachbarzahl

a) 14, 15

a)	b)	c)	d)
14 ☐	16 ☐	☐ 15	☐ 19
9 ☐	17 ☐	☐ 12	☐ 11
18 ☐	19 ☐	☐ 20	☐ 16
8 ☐	11 ☐	☐ 10	☐ 13

2 Wie heißen die Nachbarzahlen? a) 10, 11, 12

a)	b)	c)
☐ 11 ☐	☐ 3 ☐	9 ☐ 11
☐ 5 ☐	☐ 14 ☐	14 ☐ 16
☐ 18 ☐	☐ 7 ☐	18 ☐ 20
☐ 12 ☐	☐ 16 ☐	10 ☐ 12

3 Wie heißen die Zahlen? a) 9, 11, ☐

a)	b)
☐ 11 ☐	☐ 10 ☐
☐ 8 ☐	☐ 17 ☐
☐ 15 ☐	☐ 14 ☐

AH S. 53, 54

1 Spielt das Spiel „Zahlen stechen“:
Deckt die Karten auf und vergleicht.
Die größere Zahl gewinnt.
Wer hat zum Schluss mehr Karten?

2 Vergleiche: (>), (<), (=)

a)	b)	c)	d)
2 (<) 5	7 ◯ 9	9 ◯ 11	8 ◯ 11
12 ◯ 15	18 ◯ 18	2 ◯ 12	7 ◯ 17
14 ◯ 9	13 ◯ 12	16 ◯ 19	15 ◯ 15
17 ◯ 12	11 ◯ 1	10 ◯ 10	20 ◯ 15

3 Finde eine passende Zahl.

a)	b)	c)	d)
7 > ☐	11 < ☐	14 > ☐	6 = ☐
15 > ☐	16 < ☐	13 < ☐	16 > ☐
19 > ☐	19 < ☐	17 < ☐	8 < ☐
2 > ☐	14 < ☐	20 = ☐	18 > ☐

4 Welche Zahlen passen?

a) 14 < ☐ < 20 b) 5 < ☐ < 11
c) 8 < ☐ < 14 d) 13 < ☐ < 19

5 Zahlenrätsel

a) Ich denke mir eine Zahl. Meine Zahl ist größer als 18 und kleiner als 20.

b) Ich denke mir eine Zahl. Meine Zahl ist größer als 7 und kleiner als 12. Welche könnte es sein?

c) Meine Zahl ist kleiner als 20 und größer als 16. Welche könnte es sein?

Finde eigene Zahlenrätsel.

→ Beilage zum Schülerbuch: Zahlenkarten

Verwandte Aufgaben

1 Hat Anton recht? Begründe.

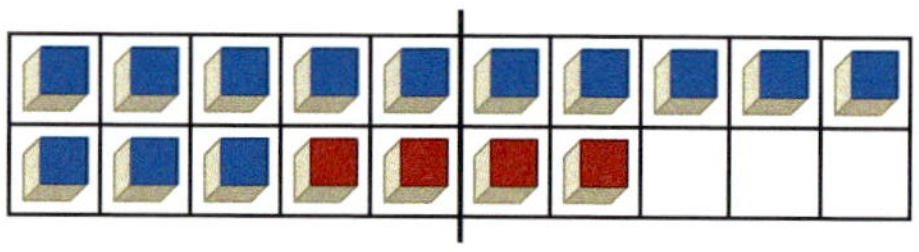

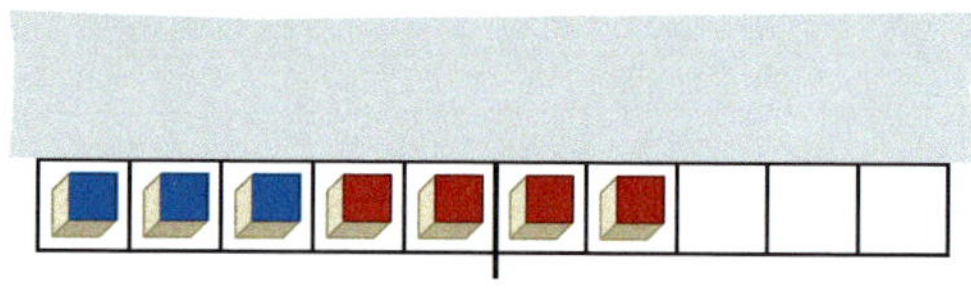

2 Schreibe die verwandten Aufgaben und rechne.

a) 1 + 7 = ☐
11 + 7 = ☐

b) ☐ + ☐ = ☐
12 + 5 = ☐

c) ☐ + ☐ = ☐
15 + 3 = ☐

d) ☐ + ☐ = ☐
14 + 3 = ☐

3 + 4 = 7
13 + 4 = 17

3 Finde die verwandte Aufgabe und rechne.

a) 6 + 3 = ☐
16 + 3 = ☐

b) ☐ + ☐ = ☐
13 + 3 = ☐

c) ☐ + ☐ = ☐
17 + 2 = ☐

d) ☐ + ☐ = ☐
11 + 2 = ☐

e) ☐ + ☐ = ☐
14 + 4 = ☐

f) ☐ + ☐ = ☐
12 + 0 = ☐

g) ☐ + ☐ = ☐
11 + 5 = ☐

h) ☐ + ☐ = ☐
10 + 8 = ☐

7 + 2 | 2 + 0 | 1 + 2 | 4 + 4 | 0 + 8 | 3 + 3 | 1 + 5

4 Rechne.

a)	b)	c)	d)
16 + 2	13 + 6	17 + 3	14 + 6
14 + 3	11 + 3	13 + 5	15 + 3
12 + 6	14 + 5	18 + 1	13 + 7
15 + 2	12 + 2	15 + 4	12 + 6

5 Welche Zahl fehlt?

a) 5 + ☐ = 8
15 + ☐ = 18

b) 14 + ☐ = 16
4 + ☐ = 6

c) 3 + ☐ = 5
13 + ☐ = 15

d) 16 + ☐ = 19
6 + ☐ = 9

e) ☐ + 7 = 9
☐ + 7 = 19

f) ☐ + 4 = 17
☐ + 4 = 7

g) ☐ + 6 = 10
☐ + 6 = 20

h) ☐ + 2 = 16
☐ + 2 = 6

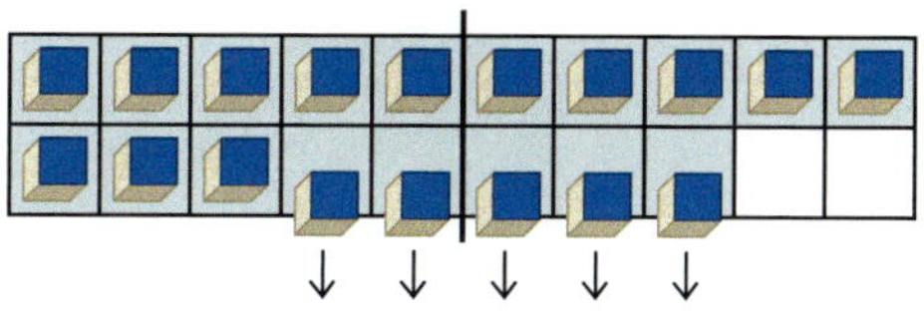

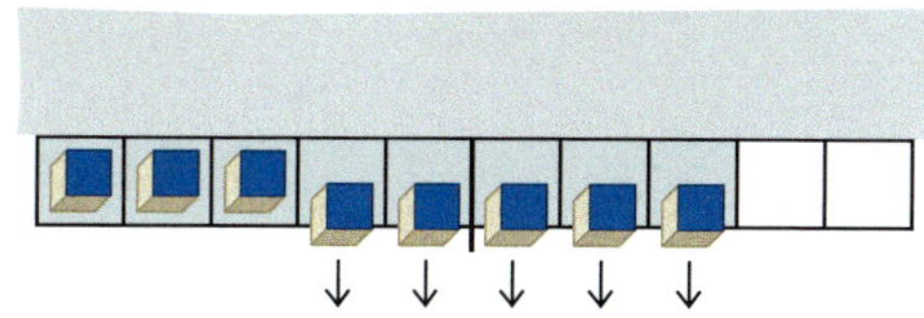

6 Schreibe wie Anni die verwandte Aufgabe und rechne.

a) 7 – 3 = ☐
17 – 3 = ☐

b) ☐ – ☐ = ☐
16 – 2 = ☐

c) ☐ – ☐ = ☐
19 – 6 = ☐

d) ☐ – ☐ = ☐
13 – 3 = ☐

8 – 5 = 3
18 – 5 = 13

7 Finde die verwandte Aufgabe und rechne.

a) 7 – 4 = 3
17 – 4 = ☐

b) ☐ – ☐ = ☐
15 – 3 = ☐

c) ☐ – ☐ = ☐
18 – 2 = ☐

d) ☐ – ☐ = ☐
19 – 1 = ☐

e) ☐ – ☐ = ☐
14 – 3 = ☐

f) ☐ – ☐ = ☐
16 – 6 = ☐

g) ☐ – ☐ = ☐
12 – 1 = ☐

h) ☐ – ☐ = ☐
17 – 0 = ☐

7 – 0 | 5 – 3 | 2 – 1 | 4 – 3 | 9 – 1 | 6 – 6 | 8 – 2

8 Rechne.

a) 16 – 4
14 – 3
12 – 1
15 – 5

b) 17 – 3
19 – 5
16 – 3
15 – 4

9 Rechne. Setze fort.

a) 19 – 9
18 – 8
17 – 7
☐ – ☐

b) 18 – 3
18 – 4
18 – 5
☐ – ☐

c) 19 – 8
19 – 7
19 – 6
☐ – ☐

10 Welche Zahl fehlt?

a) 5 – ☐ = 1
15 – ☐ = 11

b) 4 – ☐ = 2
14 – ☐ = 12

c) 13 – ☐ = 10
3 – ☐ = 0

d) 16 – ☐ = 12
6 – ☐ = 2

e) ☐ – 6 = 1
☐ – 6 = 11

f) ☐ – 5 = 4
☐ – 5 = 14

g) ☐ – 6 = 13
☐ – 6 = 3

h) ☐ – 3 = 15
☐ – 3 = 5

Finde verwandte Aufgaben und schreibe sie auf.

Unser Geld – Euro

AH S. 56

1 Euro	2 Euro	5 Euro	10 Euro	20 Euro
1 €	2 €	5 €	10 €	20 €

1 Muss Fredo wirklich traurig sein? Begründe.

2 Wie viel Euro sind es? a) ☐ €

a) 

b) 

c) 

d) 

e) 

f) 

g) 

h) 

3 Wie viel Euro sind es? a) ☐ €

a) 

b) 

c) 

d) 

e) 

f) 

g) 

h) 

4 In Annis Sparschwein sind vier Münzen. Anni meint, dass es mehr als 7 € sind. Kann das sein? Begründe.

5 Lege und zeichne. Vergleiche mit deinem Partner.

a)

7 €

b)

16 €

a) 7 € [5] (2)

c)

14 €

d)

8 €

e)

13 €

f)

20 €

6 Finde verschiedene Möglichkeiten.

a)

15 €

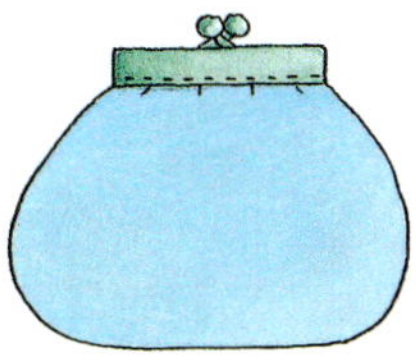
15 €

b)

10 €

10 €

7 Wie viel Geld kann es sein? Findet verschiedene Möglichkeiten.

a)

b)

c)

8 Welche Scheine und Münzen sind es?

a)

14 €

b)

17 €

c)

13 €

d)

18 €

Immer 20 €:
Male oder schreibe verschiedene Möglichkeiten auf.

[10] [10] oder 10 € + 10 €

→ Beilage zum Schülerbuch: Rechengeld

AH S. 58

1 Wie viele Würfel hat Anni gelegt?

2 Nehmt eure Würfel. Verdoppelt wie Anton und Anni.
Schreibt die Verdopplungsaufgaben jeweils in euer Heft.

5 + 5 = 10

3 Schreibe die Verdopplungsaufgabe.

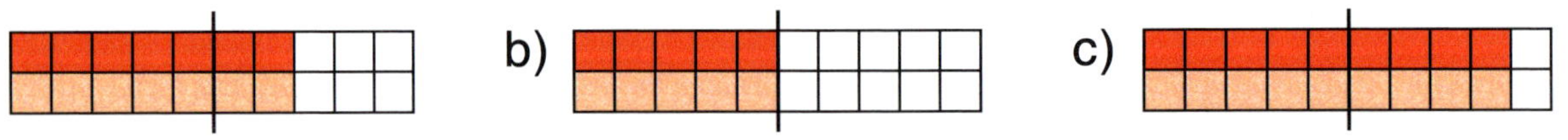

a) 7 + ☐ = ☐ b) ☐ + ☐ = ☐ c) ☐ + ☐ = ☐

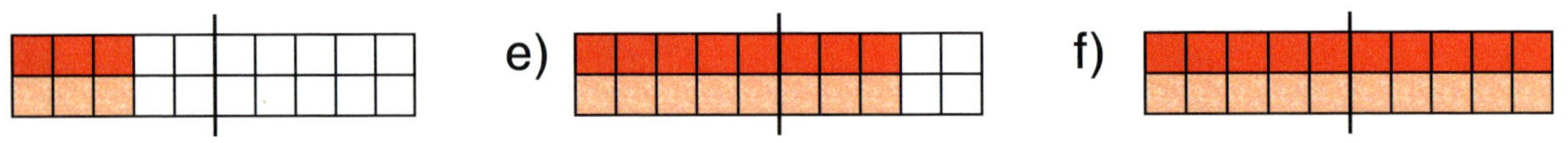

d) ☐ + ☐ = ☐ e) ☐ + ☐ = ☐ f) ☐ + ☐ = ☐

4 Verdopple.

Zahl	das Doppelte
1	2
2	4
3	☐
…	…
10	☐

5 Übe mit deinem Partner.

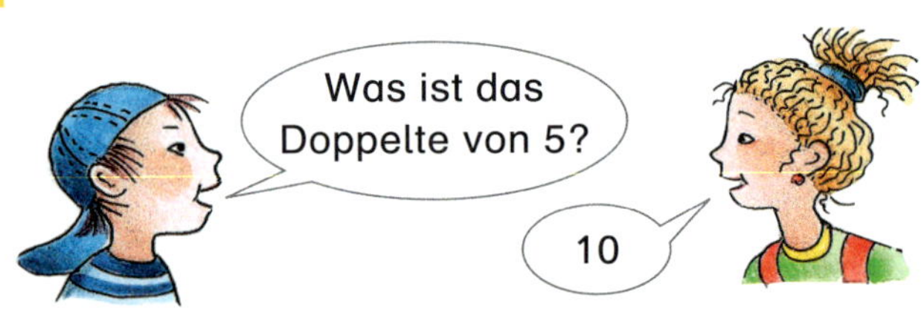

2 + 2 10 + 10 8 + 8 6 + 6 5 + 5 1 + 1 9 + 9 3 + 3 4 + 4 7 + 7

Beilage zum Schülerbuch: Zwanzigerfeld

1 Warum hat Anni die Würfel nicht in eine Reihe gelegt?

2 Halbiert wie Anton und Anni.
Ist das bei allen Zahlen von 1 bis 20 möglich? Erkläre.

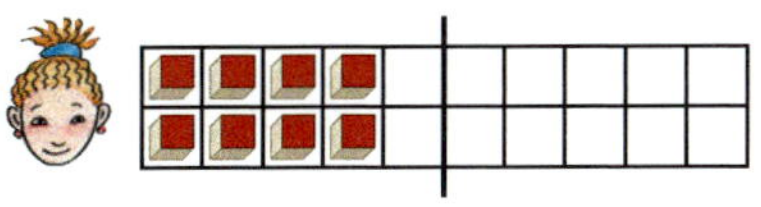

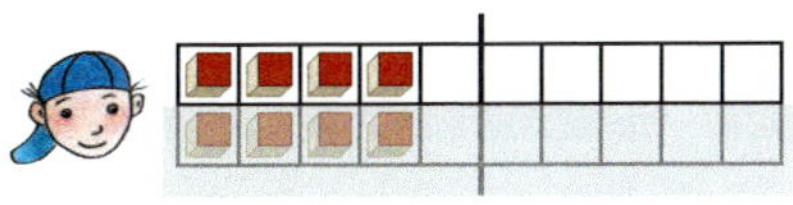

3 Welche Zahlen kannst du halbieren?
Welche Zahlen kannst du nicht halbieren?

a) 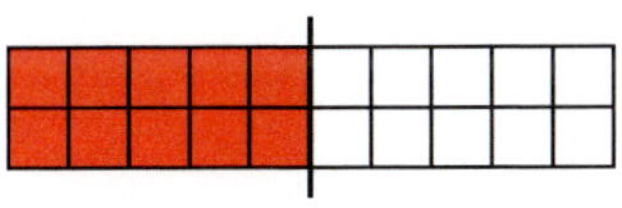

10 = 5 + ___

b) 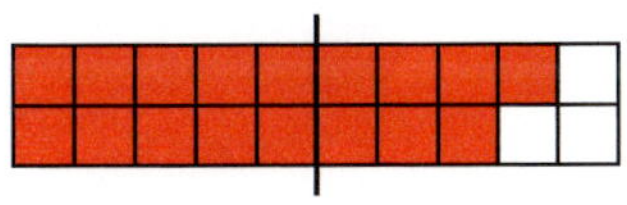

17 = ___ + ___

c) 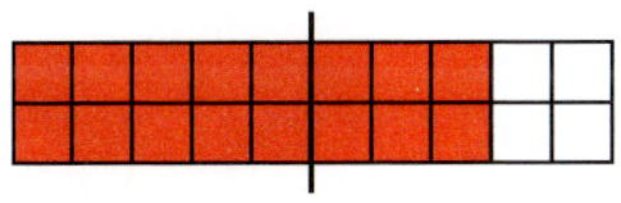

16 = ___ + ___

d) 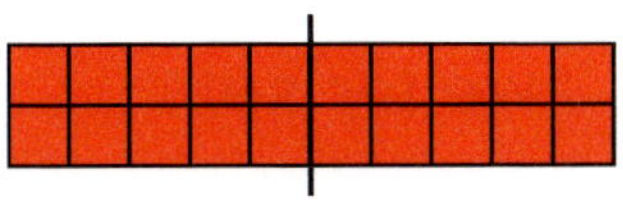

20 = ___ + ___

e) 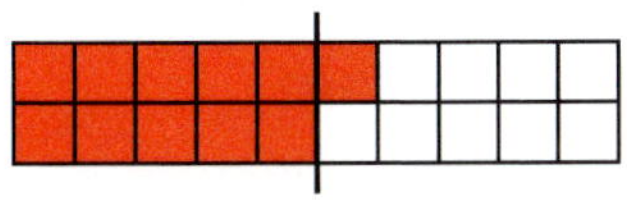

11 = ___ + ___

f) 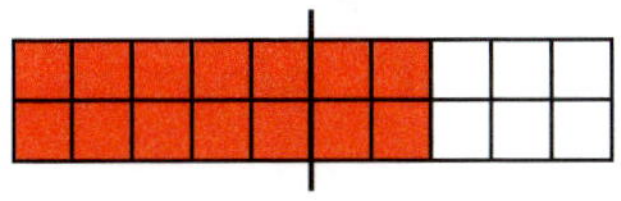

14 = ___ + ___

4 Halbiere.

Zahl	die Hälfte
1	–
2	1
3	–
4	
…	…
20	

5 Ergänze die fehlenden Zahlen.

Zahl	die Hälfte
18	
	6
20	
	4
14	
	8

AH S. 59

fünfter sein (von Ernst Jandl und Norman Junge)

tür auf einer raus

einer rein

vierter sein

tür auf einer raus

einer rein

dritter sein

tür auf einer raus

einer rein

zweiter sein

tür auf einer raus

einer rein

nächster sein

tür auf einer raus

selber rein

tagherrdoktor

1.	2.	3.	4.	5.
Erster	Zweiter	Dritter	Vierter	Fünfter

1 Erzähle.

2 Erzähle.

3 Erzähle.

4 Schreibe auf, wer an welcher Stelle steht.
Anni ist Zweite. **Fredo** steht vor Anni.
Anton ist der Dritte. **Frida** steht hinter Anton.

1.
2. Anni

5 Schreibe auf, wer an welcher Stelle steht. **Anni** steht vor Fips.
Fredo steht vor Anni. **Anton** steht vor **Frida** und hinter **Fips**.

Entdeckungen an der Plustafel

1 + 1	1 + 2	1 + 3	1 + 4	1 + 5	1 + 6	1 + 7	1 + 8	1 + 9	1 + 10
2 + 1	2 + 2	2 + 3	2 + 4	●	2 + 6	2 + 7	2 + 8	2 + 9	2 + 10
3 + 1	3 + 2	▲	3 + 4	3 + 5	3 + 6	3 + 7	3 + 8	3 + 9	3 + 10
■	4 + 2	4 + 3	4 + 4	4 + 5	4 + 6	4 + 7	4 + 8	4 + 9	4 + 10
5 + 1	♥	5 + 3	5 + 4	5 + 5	5 + 6	5 + 7	5 + 8	5 + 9	5 + 10
6 + 1	6 + 2	6 + 3	6 + 4	6 + 5	6 + 6	6 + 7	6 + 8	6 + 9	6 + 10
7 + 1	7 + 2	7 + 3	7 + 4	7 + 5	7 + 6	7 + 7	7 + 8	★	7 + 10
8 + 1	8 + 2	8 + 3	8 + 4	☾	8 + 6	8 + 7	8 + 8	8 + 9	8 + 10
9 + 1	9 + 2	9 + 3	9 + 4	9 + 5	9 + 6	9 + 7	9 + 8	9 + 9	9 + 10
10 + 1	10 + 2	10 + 3	10 + 4	10 + 5	10 + 6	10 + 7	10 + 8	10 + 9	10 + 10

- Partneraufgaben: zusammen 10
- Verdopplungsaufgaben
- Aufgaben mit + 10
- Aufgaben mit 10 +

1 Schau dir die Plustafel an. Was fällt dir auf?

2 Wie heißen die Aufgaben in diesen Feldern: ●, ▲, ■, ♥, ★, ☾?

3 Welche Aufgaben sind es? ■ oder ■ oder ■ oder ■ ?

2 + 2 = ▢

2 + 2 = 4

a) 3 + 3 = ▢ b) 1 + 9 = ▢ c) 5 + 10 = ▢

d) 10 + 8 = ▢ e) 10 + 1 = ▢ f) 6 + 6 = ▢

g) 7 + 3 = ▢ h) 6 + 4 = ▢ i) 9 + 1 = ▢

4 Wie viele Aufgaben stehen in der Plustafel?
Wie hast du das herausgefunden?

Suche dir Aufgaben aus, die du schon gut rechnen kannst.

→ S. 127: Große Hundertertafel

Entdeckerpäckchen an der Plustafel

AH S. 60, 61

1 Entdeckerpäckchen mit der Schablone: Rechne. Was fällt dir auf?

a)

5 + 3 = ☐
6 + 3 = ☐
7 + 3 = ☐
8 + 3 = ☐

b)

2 + 6 = ☐
3 + 6 = ☐
☐ + ☐ = ☐
☐ + ☐ = ☐

Die erste Zahl ...
Die zweite Zahl ...
Das Ergebnis ...
... bleibt gleich.
... wird immer um ☐ kleiner.
... wird immer um ☐ größer.

2 Entdeckerpäckchen: Welche Zahlen verändern sich? Markiere.

a) 4 + 2 | 4 + 3 | 4 + 4 | 4 + 5

4 + 2 = 6
4 + 3 = 7
4 + 4 = 8
4 + ☐ = ☐

b) 5 + 1 | 5 + 2 | 5 + 3 | ☐ + ☐

c) 10 + 1 | 10 + 2 | ☐ + ☐ | ☐ + ☐

d) 6 + 4 | 6 + 5 | ☐ + ☐ | ☐ + ☐

3 Entdeckerpäckchen: Welche Zahlen verändern sich? Markiere.

a)	b)	c)	d)	e)	f)
6 + 2	2 + 6	6 + 10	10 + 6	☐ + ☐	☐ + ☐
7 + 2	2 + 7	7 + ☐	☐ + ☐	☐ + ☐	☐ + ☐
8 + 2	2 + ☐	☐ + ☐	☐ + ☐	☐ + ☐	☐ + ☐
☐ + ☐	☐ + ☐	☐ + ☐	☐ + ☐	☐ + ☐	☐ + ☐

4 Bilde Entdeckerpäckchen. Rechne.

7 + 3	5 + 7	7 + 4	4 + 8	4 + 7	3 + 8	7 + 5	6 + 7	3 + 7	7 + 6	5 + 8	6 + 8

Finde selbst Entdeckerpäckchen mit der Schablone.

→ S. 127: Große Hundertertafel

1 Rechne die Verdopplungsaufgaben.

2 Rechne zuerst die Verdopplungsaufgabe.
Welche Zahlen verändern sich? Markiere.

die Nachbaraufgabe
die Verdopplungs-
aufgabe

a)

	4 + 5	
5 + 4	5 + 5	5 + 6
	6 + 5	

4 + 5 =
5 + 5 = 10
6 + 5 =

5 + 4 =
5 + 5 =
5 + 6 =

b)

	+	
+	6 + 6	+
	+	

c)

	+	
+	7 + 7	+
	+	

d)

	+	
+	+	+
	+	

Finde weitere Aufgaben mit deiner Schablone.

3 Wird das Ergebnis *kleiner* oder *größer*?

7 + 6 ist um 1 *kleiner* als 7 + 7. Ich rechne: 7 + 7 – 1 =
6 + 7 ist um 1 ______ als 7 + 7. Ich rechne: 7 + 7 – 1 =
7 + 8 ist um 1 ______ als 7 + 7. Ich rechne: 7 + 7 + 1 =
8 + 7 ist um 1 ______ als 7 + 7. Ich rechne: 7 + 7 + 1 =

4 Rechne die Aufgaben mit der 10.

5 Rechne. Was fällt dir auf?

6 Wird das Ergebnis *kleiner* oder *größer*?

9 + 3 ist um 1 *kleiner* als 10 + 3. Ich rechne: 10 + 3 − 1 = ___

9 + 5 ist um 1 ______ als 10 + 5. Ich rechne: 10 + 5 − 1 = ___

4 + 9 ist um 1 ______ als 4 + 10. Ich rechne: 4 + 10 − 1 = ___

7 + 9 ist um 1 ______ als 7 + 10. Ich rechne: 7 + 10 − 1 = ___

7

a)	b)	c)	d)
10 + 7 = ___	10 + 4 = ___	10 + 5 = ___	10 + 6 = ___
9 + 7 = ___	9 + 4 = ___	9 + ___ = ___	___ + ___ = ___

e)	f)	g)	h)
5 + 10 = ___	8 + 10 = ___	4 + 10 = ___	7 + 10 = ___
5 + 9 = ___	8 + 9 = ___	4 + ___ = ___	___ + ___ = ___

8 Schreibe immer die passende Aufgabe mit der 10 dazu.
Rechne sie zuerst aus.

9 + 8	9 + 5	9 + 3	9 + 7	9 + 4	8 + 9	4 + 9	6 + 9	3 + 9

1 Rechne die Partneraufgaben.

2

a)

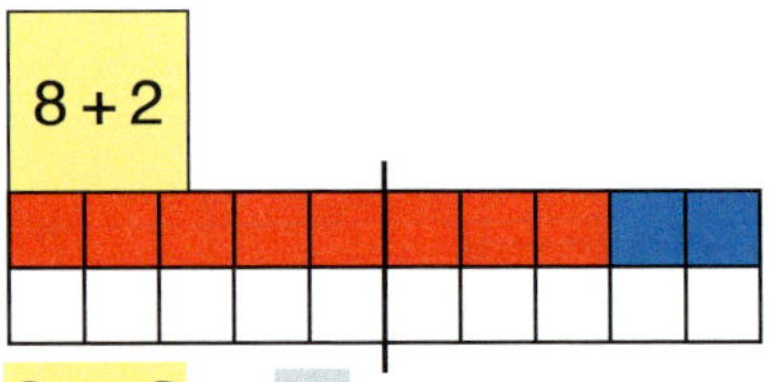

8 + 2 = __

b)

8 + 2 + 4 = 14

c)

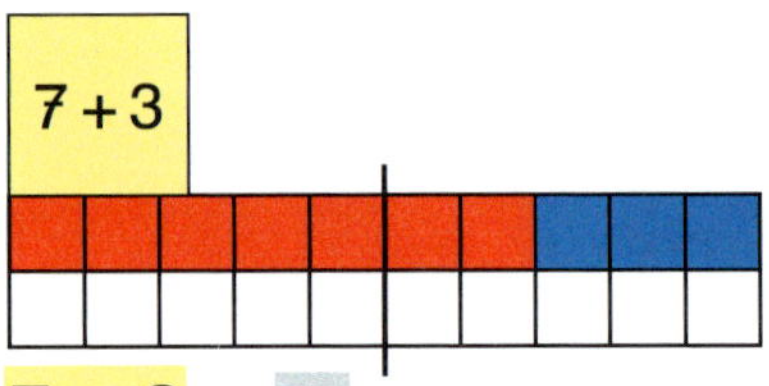

7 + 3 = __

d)

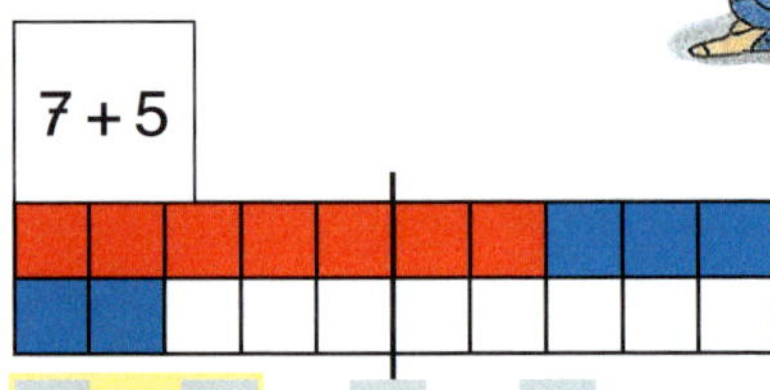

__ + __ + __ = __

3 Rechne.

a) 6 + 4 + 5 = __ b) 8 + 2 + 5 = __ c) 7 + 3 + 6 = __ d) 5 + 5 + 2 = __

6 + 4 + 3 = __ 8 + 2 + 3 = __ 7 + 3 + 4 = __ 5 + 5 + 3 = __

e) 9 + 1 + 4 = __ f) 6 + 4 + 4 = __ g) 5 + 5 + 1 = __ h) 3 + 7 + 2 = __

9 + 1 + 7 = __ 6 + 4 + 2 = __ 5 + 5 + 4 = __ 3 + 7 + 1 = __

4 Lege und rechne mit den Partneraufgaben.

a) 5 + 8 = __ b) 6 + 7 = __ c) 7 + 4 = __

5 + __ + __ = __ 6 + __ + __ = __ 7 + __ + __ = __

d) 7 + 5 = __ e) 8 + 6 = __ f) 9 + 7 = __

__ + __ + __ = __ __ + __ + __ = __ __ + __ + __ = __

5 a) Finde alle Aufgaben in der Plustafel zum Ergebnis 13, 15 und 17 und notiere sie.

b) Welches Ergebnis kommt am häufigsten in der Plustafel vor?

Werkzeugkoffer für Rechenwege

8 + 9

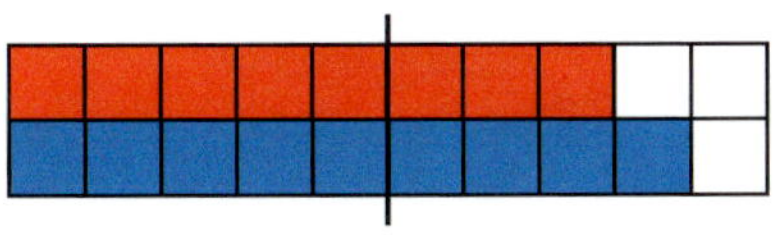

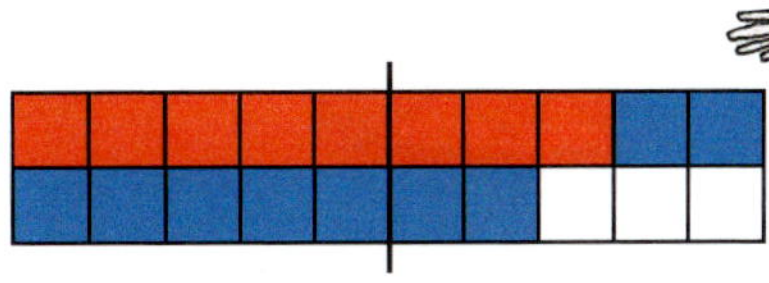

8 + 9 = ☐
8 + 8 + 1 = 17

8 + 9 = ☐
8 + 2 + 7 = 17

8 + 9 = ☐
8 + 10 – 1 = 17

1 Erkläre die Rechenwege von Anton, Anni und Fredo:
a) Überlege zuerst alleine.
b) Sprich mit deinem Partner über die Rechenwege.
c) Sprecht darüber in eurer Klasse.

2 Wie rechnest du die Aufgaben? Überlege zuerst.
Schreibe deinen Rechenweg auf.

a) 5 + 8	b) 5 + 6	c) 9 + 6	d) 7 + 5	e) 6 + 9	f) 8 + 7
g) 9 + 7	h) 6 + 7	i) 7 + 4	j) 6 + 5	k) 7 + 9	l) 8 + 4

Vergleicht eure Rechenwege.
Habt ihr die gleichen Rechenwege benutzt?

Suche dir 10 weiße Aufgaben von der Plustafel aus.
Rechne jede Aufgabe so, wie du es am liebsten magst.

WOCHENAUFGABE:
Schreibe jeden Tag 2 weiße Aufgaben auf einen Zettel und übe sie immer wieder. Übe mit einem Partner.

Unser Geld – Cent

1 Wer hat mehr Geld? Erkläre.

2 Wie viel Cent sind es? a) ___ ct

a)  b)  c)  d) 

e)  f)  g) 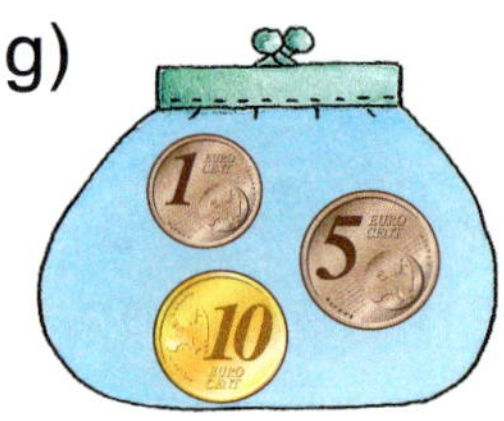 h) 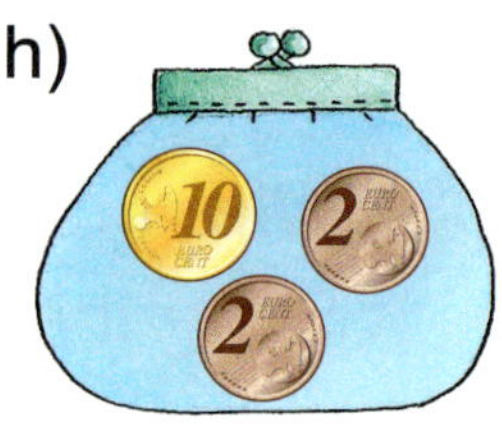

3 Wie viel Cent sind es? a) ___ ct

a)  b)  c)  d) 

4 Finde verschiedene Möglichkeiten.

a)

15 ct

15 ct

b)

18 ct

18 ct

➞ Beilage zum Schülerbuch: Rechengeld

5 (1) (2) (5) (10) Immer **zwei** Münzen: Zeichne.

a) 2 ct b) 3 ct c) 4 ct
d) 7 ct e) 10 ct f) 11 ct
g) 15 ct h) 20 ct i) 12 ct

a) 2 ct (1) (1)

6 Ergänze. a) 17 ct (5) (10) ( )

a)

17 ct

b)

19 ct

c)

13 ct

d)

14 ct

7 Welche Münzen sind es? a) 11 ct (5) ( ) ( ) ( )

a)
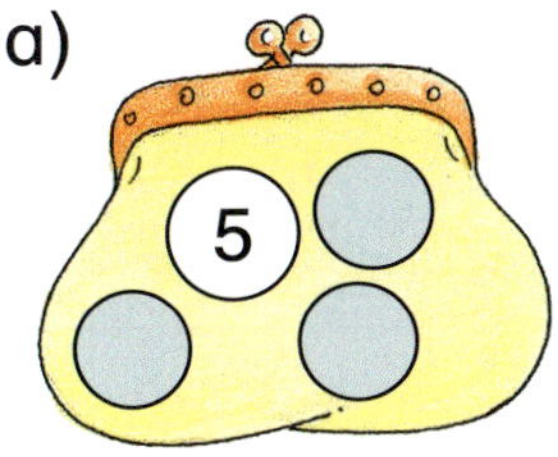

11 ct

b)
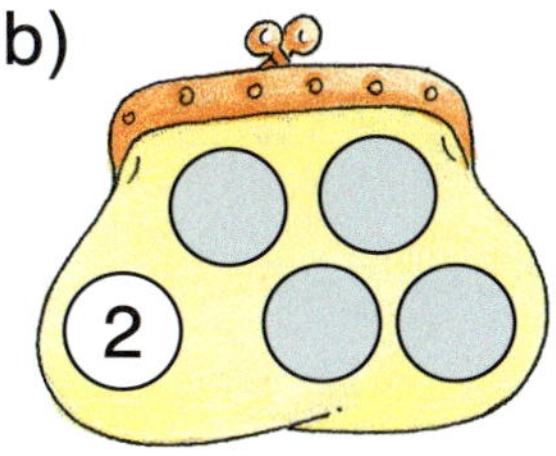

9 ct

c)
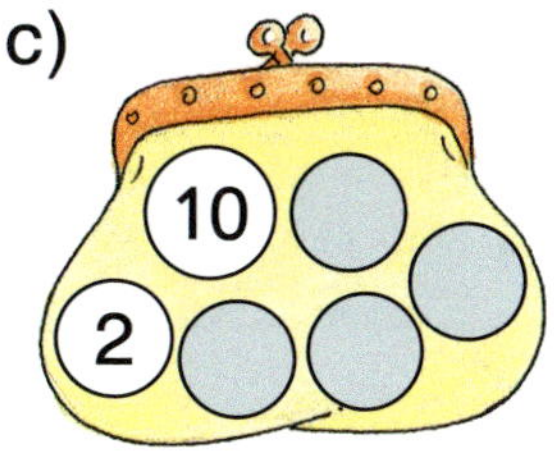

18 ct

d)
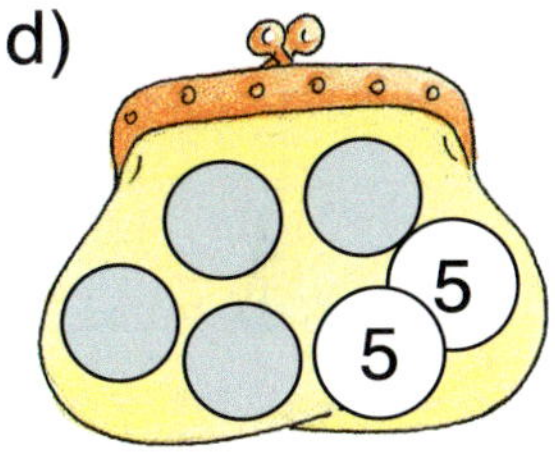

20 ct

8 (1) (2) (5) (10) (20) Immer **drei** Münzen: Zeichne.

a) 16 ct b) 12 ct c) 17 ct d) 20 ct
e) 11 ct f) 13 ct g) 14 ct h) ▢ ct

Lege mit möglichst wenigen Münzen. Schreibe oder zeichne.

10 ct	11 ct	12 ct	13 ct	14 ct	15 ct	16 ct	17 ct	18 ct	19 ct	20 ct

Kaufladen spielen

AH S. 67, 68

1 Wie viel kostet es?

a)
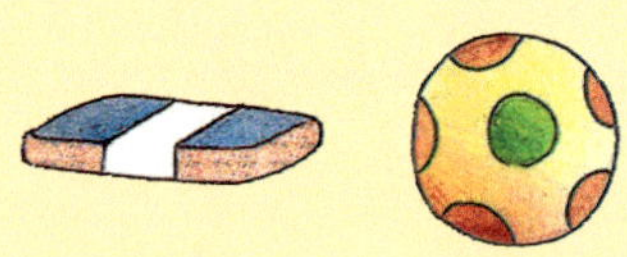

☐ € + ☐ € = ☐ €

b)

☐ € + ☐ € = ☐ €

c)

☐ € + ☐ € = ☐ €

d)

☐ € + ☐ € = ☐ €

2 Wie viel kostet es?

a)

☐ € + ☐ € = ☐ €

b)

☐ € + ☐ € = ☐ €

c)

☐ € + ☐ € + ☐ € = ☐ €

d)

☐ € + ☐ € + ☐ € = ☐ €

Kaufe ein. Male und rechne.

3 Was ist noch im Einkaufswagen? Male oder schreibe.

a) 

b) 

c) 

d) 

4 a) 

b) 

Finde selbst Aufgaben mit dem Einkaufswagen.
Dein Partner löst sie.

Hast du schon einmal Spielsachen, die du nicht mehr brauchst, auf einem Flohmarkt verkauft?

5 Löse die Gutscheine **vollständig** ein. Was kannst du kaufen?
Male oder schreibe.

a) Gutschein 16 €

b) Gutschein 19 €

c) Gutschein 18 €

d) Gutschein 17 €

Vergleicht eure Lösungen.

AH S. 70

1 Wie heißt die passende Umkehraufgabe?

a) 5 + 6 = ☐ 13 – 7 = ☐
b) 4 + 8 = ☐ 14 – 5 = ☐
c) 9 + 5 = ☐ 11 – 6 = ☐
d) 6 + 7 = ☐ 11 – 4 = ☐
e) 7 + 4 = ☐ 12 – 8 = ☐
f) 8 + 6 = ☐ 12 – 3 = ☐
g) 9 + 3 = ☐ 14 – 6 = ☐

a) 5 + 6 = ☐
11 – 6 = ☐

2 Partneraufgaben und ihre Umkehraufgaben: Rechne.

a) 7 + 3, 3 + 7
b) 8 + 2, 2 + 8
c) 6 + 4, ☐ + ☐
d) 9 + 1, ☐ + ☐
e) ☐ + ☐

a) 7 + 3 = ☐
☐ – 3 = ☐

3 + 7 = ☐
☐ – 7 = ☐

3 Rechne immer zuerst die Aufgabe, die du einfacher findest.

a) 13 – 8 = ☐
8 + ☐ = 13

b) 16 – 7 = ☐
7 + ☐ = 16

c) 15 – 8 = ☐
8 + ☐ = 15

d) 12 – 5 = ☐
5 + ☐ = 12

e) 12 – 8 = ☐
8 + ☐ = 12

f) 13 – 9 = ☐
9 + ☐ = 13

g) 11 – 6 = ☐
6 + ☐ = 11

h) 14 – 8 = ☐
8 + ☐ = 14

i) 17 – 9 = ☐
9 + ☐ = 17

j) 15 – 7 = ☐
7 + ☐ = 15

k) 13 – 6 = ☐
6 + ☐ = 13

l) 11 – 4 = ☐
4 + ☐ = 11

Rechne Aufgaben mit ihren Umkehraufgaben.

4 Bilde mit 3 Zahlen 4 Aufgaben.

a) 7 5 12

b) 6 8 14

c) 8 4 12

d) 5 6 11

a)	7	+	5	=	1	2
	5	+		=		
1	2	–	7	=		
1	2	–		=		

5 3 Zahlen – 4 Aufgaben

a) 7 6 13 b) 9 3 12 c) 8 5 13

d) 6 ? ? e) ? ? 11 f) ? 4 ?

6 Welche Zahlen gehören zusammen? Notiere.

10 7 8 4 12 6 9 17 15

3 Zahlen – 4 Aufgaben:
Finde 3 passende Zahlen und rechne die 4 Aufgaben.

7 Rechne.

a)	b)	c)	d)
7 + ▢ = 11	▢ + 6 = 13	6 + ▢ = 15	14 – ▢ = 8
4 + ▢ = 11	▢ + 7 = 13	9 + ▢ = 15	▢ – 8 = 6
▢ + 7 = 11	6 + ▢ = 13	▢ + 9 = 15	▢ + 6 = 14
▢ + 4 = 11	7 + ▢ = 13	▢ + 6 = 15	6 + ▢ = 14
11 – ▢ = 7	13 – ▢ = 7	▢ – 9 = 6	▢ + 8 = 14
11 – ▢ = 4	▢ – 7 = 6	▢ – 6 = 9	8 + ▢ = 14

Rechenwege bei Minusaufgaben

AH S. 71

1 Anni findet diese Aufgaben einfach. Löse sie.
Findest du sie auch einfach? Begründe.

a) 17 – 4 = ☐ b) 14 – 1 = ☐ c) 18 – 4 = ☐ d) 17 – 1 = ☐
e) 18 – 3 = ☐ f) 18 – 6 = ☐ g) 17 – 6 = ☐ h) 12 – 1 = ☐

Findest du ähnliche Aufgaben? Schreibe sie auf.

2 Finde Aufgabenpäckchen, die für dich einfach sind.

a)	b)	c)	d)
19 – 1	18 – ☐	17 – ☐	☐ – 1
19 – 2	18 – ☐	17 – ☐	☐ – 1
19 – 3	18 – ☐	17 – ☐	☐ – 1
19 – ☐	18 – ☐	17 – ☐	☐ – 1
…	…	…	…

3 Anton löst diese Aufgaben. Kannst du das auch?

a) 18 – 10 b) 12 – 10 c) 20 – 10 d) 17 – 10

Finde ähnliche Aufgaben: ☐ – 10 = ☐
Begründe: Was macht die Aufgaben einfach?

Finde Aufgaben, die für dich einfach sind: 20 – ☐ = ☐
Schreibe sie auf.

4 Rechne wie Anni.

a) 11 − 8 = ☐
8 + 3 = 11

b) 11 − 7 = ☐
7 + ☐ = 11

c) 13 − 8 = ☐
8 + ☐ = 13

d) 12 − 9 = ☐
9 + ☐ = 12

e) 16 − 13 = ☐
13 + ☐ = 16

f) 19 − 15 = ☐
15 + ☐ = 19

5 Rechne wie Anton.

a) 14 − 9 = ☐
14 − 10 = 4

b) 17 − 9 = ☐
17 − 10 = ☐

c) 16 − 9 = ☐
16 − 10 = ☐

d) 15 − 9 = ☐
15 − 10 = ☐

e) 13 − 9 = ☐
13 − 10 = ☐

f) 12 − 9 = ☐
12 − 10 = ☐

6 Rechne wie Fredo.

a) 17 − 8 = ☐
16 − 8 = 8

b) 13 − 6 = ☐
12 − 6 = ☐

c) 15 − 7 = ☐
14 − 7 = ☐

d) 16 − 7 = ☐
16 − 8 = ☐

e) 12 − 5 = ☐
12 − 6 = ☐

f) 14 − 6 = ☐
14 − 7 = ☐

7 Rechne auf deinem Weg.

a) 11 − 9 = ☐ b) 13 − 7 = ☐ c) 18 − 9 = ☐
d) 12 − 8 = ☐ e) 14 − 8 = ☐ f) 17 − 15 = ☐

Vergleicht eure Rechenwege.

Bis zur 10 und dann weiter

AH S. 72

1 Erkläre, wie Anni rechnet.

2 Lege und rechne.

a) 14 – 8 = ☐
14 – 4 – 4 = ☐

b) 17 – 8 = ☐
17 – ☐ – ☐ = ☐

c) 12 – 4 = ☐
12 – ☐ – ☐ = ☐

d) 11 – 5 = ☐
☐ – ☐ – ☐ = ☐

e) 15 – 9 = ☐
☐ – ☐ – ☐ = ☐

f) 12 – 9 = ☐
☐ – ☐ – ☐ = ☐

3 Rechne bis zur 10 und dann weiter.

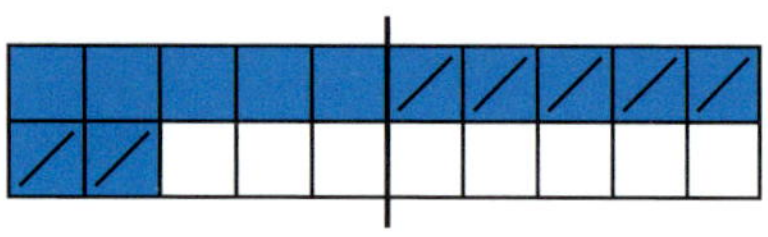

a) 12 – 7 = ☐
12 – 2 – 5 = ☐

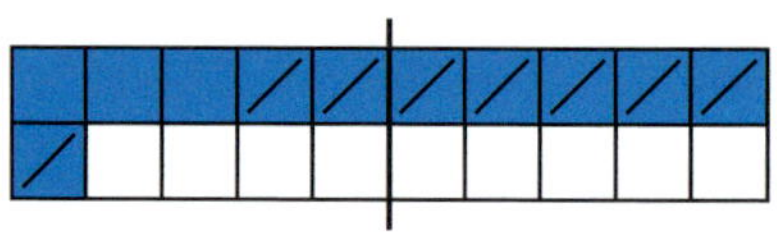

b) 11 – 8 = ☐
11 – 1 – ☐ = ☐

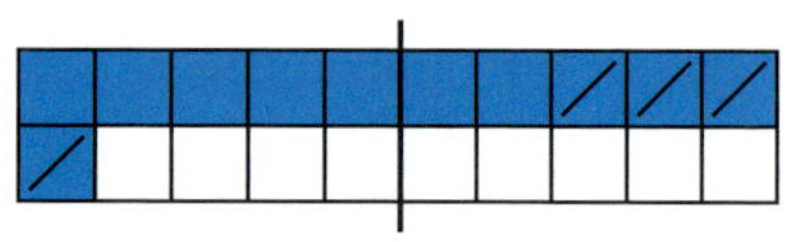

c) 11 – 4 = ☐
11 – ☐ – ☐ = ☐

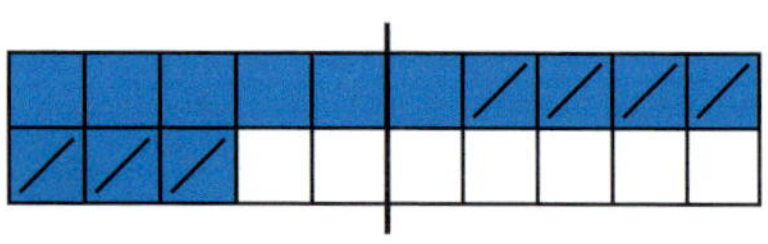

d) 13 – 7 = ☐
13 – ☐ – ☐ = ☐

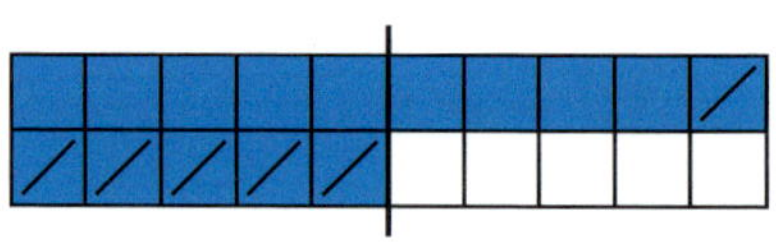

e) 15 – 6 = ☐
15 – ☐ – ☐ = ☐

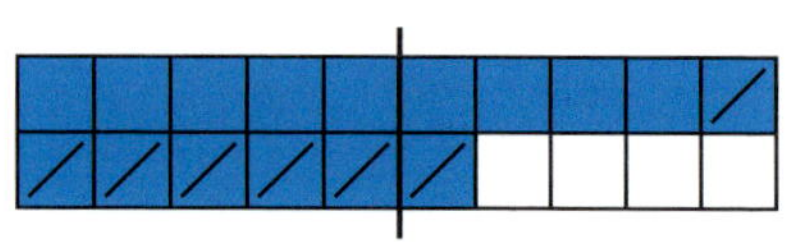

f) 16 – 7 = ☐
16 – ☐ – ☐ = ☐

4 Rechne.

a) 13 – 5
14 – 7
16 – 7

b) 13 – 8
17 – 9
11 – 6

c) 12 – 7
12 – 5
15 – 9

d) 13 – 4
16 – 9
11 – 5

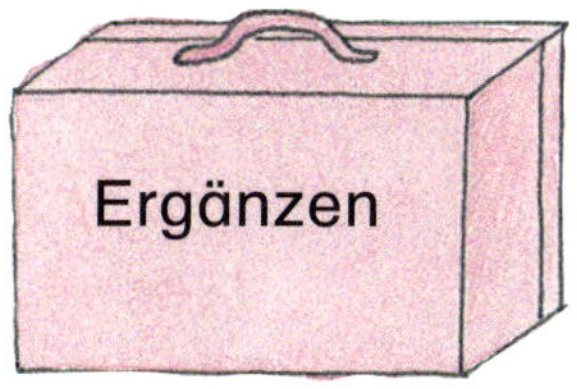

14 – 5 = □
14 – 4 – 1 = □

14 – 9 = □
14 – 10 + 1 = □

11 – 8 = □
8 + □ = 11

1 Wie rechnest du? Schreibe wie oben auf.

a)	b)	c)	d)
12 – 8	14 – 7	15 – 9	11 – 9
12 – 6	13 – 9	16 – 7	18 – 9
12 – 9	14 – 6	14 – 8	17 – 8

Vergleicht eure Rechenwege.

2 Rechne.

a)	b)	c)	d)
11 – 4	16 – 8	12 – 5	13 – 6
13 – 7	18 – 9	17 – 9	15 – 8
14 – 5	15 – 7	14 – 8	16 – 9

3 Tintenkleckse: Welche Zahlen sind versteckt?

a) 11 – ■ = 7 b) 14 – ■ = 9 c) 16 – ■ = 8 d) 12 – ■ = 4

e) 15 – ■ = 8 f) 17 – ■ = 9 g) 13 – ■ = 6 h) 11 – ■ = 3

4 Rechenrätsel

Finde viele Minusaufgaben zu diesen Ergebnissen:

Ergebnis 7 Ergebnis 9 Ergebnis 5

Burg Schreckenstein

AH S. 75

1 Was ist hier seltsam? Erzähle.

2 Lege den Spiegel im oberen Bild so an, dass diese Bilder entstehen.

3 Finde mithilfe des Spiegels:
- Fredo ohne Schwert – Fredo mit zwei Schwertern
- ein lachendes Gespenst – ein trauriges Gespenst
- einen wachen Uhu – einen schlafenden Uhu
- einen Vollmond

4 Erzeuge diese Bilder mit deinem Spiegel. Welche Bilder kannst du nicht mit deinem Spiegel erzeugen?

a) 

b) 

c) 

d) 

e) 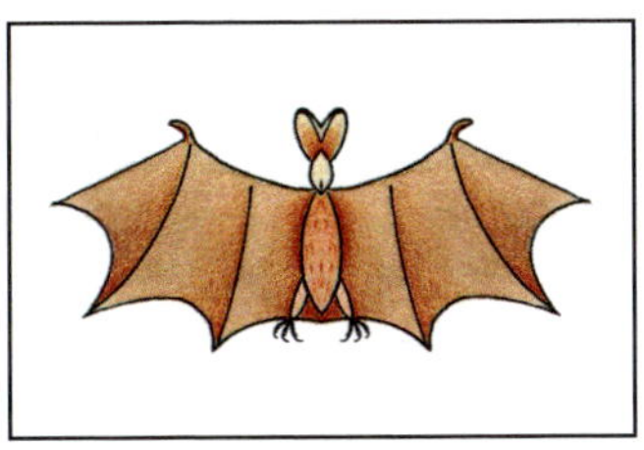

f) 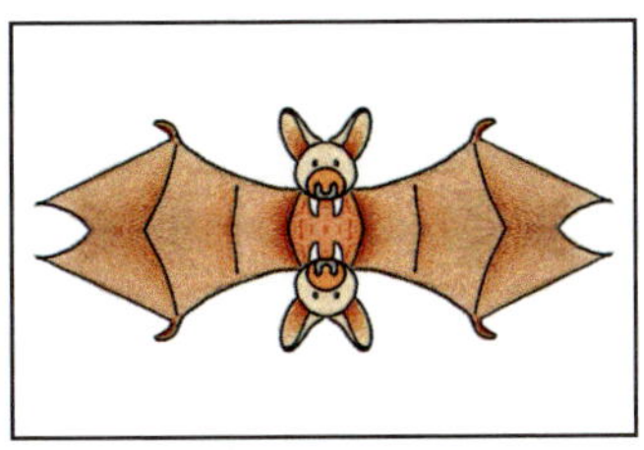

g) 

h) 

Suche in Zeitschriften und Prospekten nach achsensymmetrischen Bildern. Schneide aus und klebe auf.

Entdeckerpäckchen

AH S. 76, 77

Die erste Zahl …

Die zweite Zahl …

Das Ergebnis …

… wird um ☐ größer.

… wird um ☐ kleiner.

… bleibt gleich.

1 Entdeckerpäckchen: Was fällt dir auf? Schreibe auf.

2 Rechne.

a)	b)	c)	d)
6 + 1 = ☐	10 + 3 = ☐	6 + 1 = ☐	18 + 2 = ☐
6 + 2 = ☐	9 + 3 = ☐	5 + 2 = ☐	16 + 4 = ☐
6 + 3 = ☐	8 + 3 = ☐	4 + 3 = ☐	14 + 6 = ☐
6 + 4 = ☐	7 + 3 = ☐	3 + 4 = ☐	12 + 8 = ☐

3 Rechne.

a)	b)
12 + 5 = ☐	15 + 3 = ☐
11 + 5 = ☐	14 + 4 = ☐
10 + 5 = ☐	13 + 5 = ☐
9 + 5 = ☐	12 + 6 = ☐

4 Rechne.

a)	b)
2 + ☐ = 15	☐ + 2 = 20
3 + ☐ = 15	☐ + 3 = 20
4 + ☐ = 15	☐ + 4 = 20
5 + ☐ = 15	☐ + 5 = 20

5 Wie geht es weiter? Rechne.

a)	b)	c)	d)
2 + 4	3 + 5	2 + 5	5 + 2
4 + 4	3 + 6	3 + 4	5 + 4
6 + 4	3 + 7	4 + 3	5 + 6
…	…	…	…

Finde eigene Entdeckerpäckchen mit Plusaufgaben.

Finde ein Pluspäckchen, bei dem das Ergebnis immer gleich bleibt.

a)	b)	c)
10 − 5 = 5	17 − 6 = 11	14 − 6 = 8
11 − 5 = 6	17 − 5 = 12	13 − 5 = 8
12 − 5 = 7	17 − 4 = 13	12 − 4 = 8
13 − 5 = 8	17 − 3 = 14	11 − 3 = 8

Die erste Zahl ...

Die zweite Zahl ...

Das Ergebnis ...

... wird um ☐ größer.

... wird um ☐ kleiner.

... bleibt gleich.

6 Entdeckerpäckchen: Was fällt dir auf? Schreibe auf.

7 Rechne.

a)	b)	c)	d)
8 − 1 = ☐	6 − 2 = ☐	11 − 3 = ☐	16 − 5 = ☐
8 − 2 = ☐	7 − 2 = ☐	10 − 3 = ☐	15 − 4 = ☐
8 − 3 = ☐	8 − 2 = ☐	9 − 3 = ☐	14 − 3 = ☐
8 − 4 = ☐	9 − 2 = ☐	8 − 3 = ☐	13 − 2 = ☐

8 Rechne.

a)	b)
17 − 3 = ☐	15 − 5 = ☐
16 − 4 = ☐	14 − 5 = ☐
15 − 5 = ☐	13 − 5 = ☐
14 − 6 = ☐	12 − 5 = ☐

9 Rechne.

a)	b)
12 − ☐ = 7	☐ − 2 = 12
13 − ☐ = 7	☐ − 3 = 12
14 − ☐ = 7	☐ − 4 = 12
15 − ☐ = 7	☐ − 5 = 12

10 Wie geht es weiter? Rechne.

a)	b)	c)	d)
19 − 3	19 − 5	12 − 4	19 − 4
18 − 3	19 − 6	13 − 5	17 − 4
17 − 3	19 − 7	14 − 6	15 − 4
...	...	...	...

11 Finde Minuspäckchen:

a) Das Ergebnis wird immer um 1 größer.
b) Das Ergebnis wird immer um 1 kleiner.
c) Das Ergebnis bleibt immer gleich.

 AH S. 78

1 Welche Fragen kannst du sicher mithilfe des Bildes beantworten?

a) Wie viele  sind auf der Wiese?

b) Welche Farben haben die ?

c) In welche Klasse gehen die ?

d) Wie viele  siehst du?

e) Wie viele  schlafen noch?

f) Wie spät ist es?

g) Wie viele Tiere siehst du?

h) Warum läuft das  weg?

2 Finde selbst Fragen zum Bild.

3 Finde zu jeder Aufgabe das passende Bild.

a) 

b) 

c) 

2 + 5 + 6 = ☐	8 + 3 = ☐	12 – 4 = ☐
9 + 8 = ☐	5 – 1 = ☐	15 + 3 = ☐

d) 

e) 

f) 

4 Welches Bild und welche Aufgabe passen zum Text?

a) Raupen ☐ + ☐ = ☐

a) Auf einer Blume sind 7 Raupen. 4 Raupen krabbeln dazu.

b) 8 Bienen sitzen auf Blüten. 6 Bienen fliegen dazu.

c) Ina hat 16 Blumen. 8 davon schenkt sie ihrer Freundin Lea.

Bienen

Blumen

Raupen

8 + 6 = ☐	16 – 8 = ☐	16 – 6 = ☐
9 + 4 = ☐	9 – 4 = ☐	7 + 4 = ☐

Finde zu den übrigen Aufgaben selbst Rechengeschichten zur Wiese. Male Bilder dazu.

AH S. 79

Die kleine Hexe (Volksgut)

Morgens früh um **sechs**
kommt die kleine Hex'.

Morgens früh um **sieben**
schabt sie gelbe Rüben.

Morgens früh um **acht**
wird Kaffee gemacht.

Morgens früh um **neun**
geht sie in die Scheun'.

Morgens früh um **zehn**
holt sie Holz und Spän'.

Feuert an um **elf**,

kocht dann bis um **zwölf**
Fröschebein und Krebs und Fisch.
Hurtig, Kinder, kommt zu Tisch!

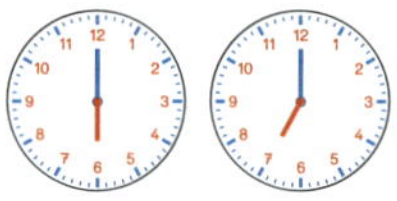

Was hast du gemacht? Male.

1 Wer hat recht?

2 Nehmt eure Lernuhr. Einer nennt eine Uhrzeit, der andere stellt sie ein.

der Stundenzeiger
der Minutenzeiger

3 Wie spät ist es? a) 1 Uhr , Uhr

3 Uhr | 1 Uhr | 5 Uhr | 6 Uhr | 7 Uhr | 2 Uhr

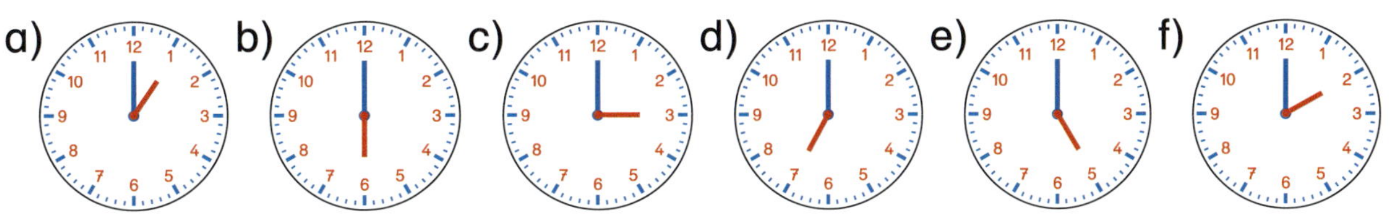

18 Uhr | 19 Uhr | 13 Uhr | 14 Uhr | 15 Uhr | 17 Uhr

4 Wie spät ist es? a) 7 Uhr , Uhr

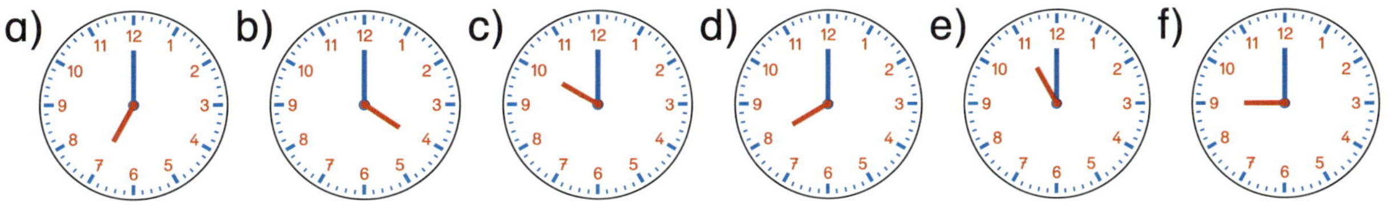

→ Beilage zum Schülerbuch: Uhr

AH S. 80

Ein Wochentag mit Anton

a) Uhr → Stunden → Uhr

1 Wie lange dauert es?

a)

Uhr
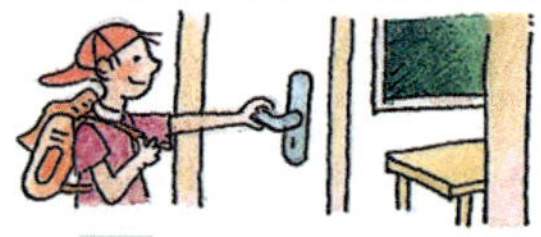
Stunden →

Uhr

b)

Uhr

Stunden →

Uhr

c)

Uhr

Stunden →

Uhr

d)

Uhr
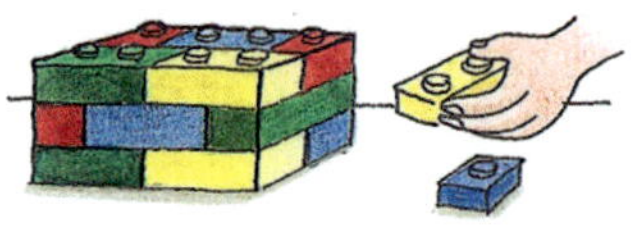
Stunde →

Uhr

2

Uhr

Stunden →

Uhr

3 Wie lange dauert es?

Beginn		Dauer	Ende	
a) 	Uhr	Stunden →		Uhr
b) 	Uhr	Stunden →	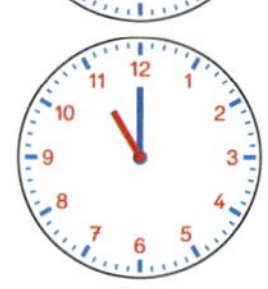	Uhr
c) 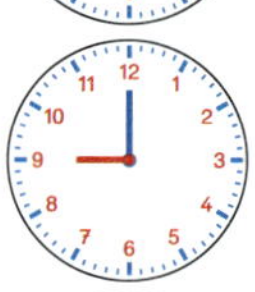	Uhr	Stunden →	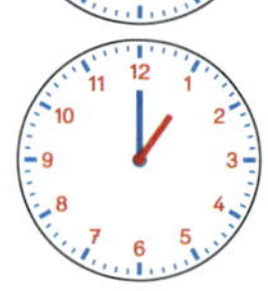	Uhr
d) 	Uhr	Stunden →		Uhr

Anni in ihrer Freizeit

1 Tag hat
24 Stunden

4 Wie lange dauert es?

a)	 ☐ Uhr	 ☐ Stunde →	 ☐ Uhr
b)	 ☐ Uhr	 ☐ Stunden →	 ☐ Uhr
c)	 ☐ Uhr	 ☐ Stunden →	 ☐ Uhr
d)	 ☐ Uhr	 ☐ Stunden →	 ☐ Uhr

5 Ergänze, was fehlt.

	Beginn	Dauer	Ende
a)	 ☐ Uhr	☐ Stunden →	 ☐ Uhr
b)	 ☐ Uhr	3 Stunden →	 ☐ Uhr
c)	 ☐ Uhr	4 Stunden →	 ☐ Uhr
d)	 ☐ Uhr	10 Stunden →	 ☐ Uhr

6 Fredos Freizeit

 ☐ Uhr	 ☐ Stunden →	 ☐ Uhr

AH S. 82, 83

1 Lege mit den Pfeilen und erzähle: Wohin geht Fredo?
Welche Farben haben die Kreise?

a) 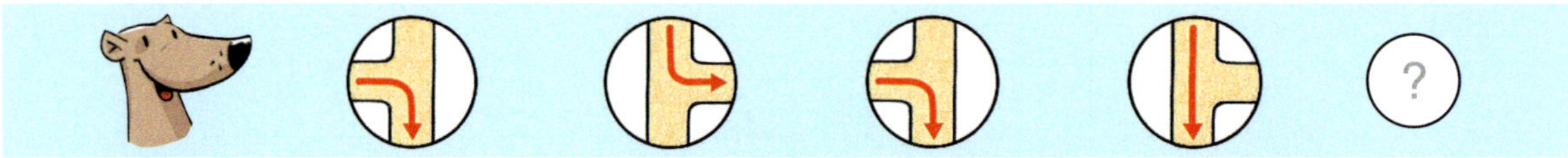

b) 

c) 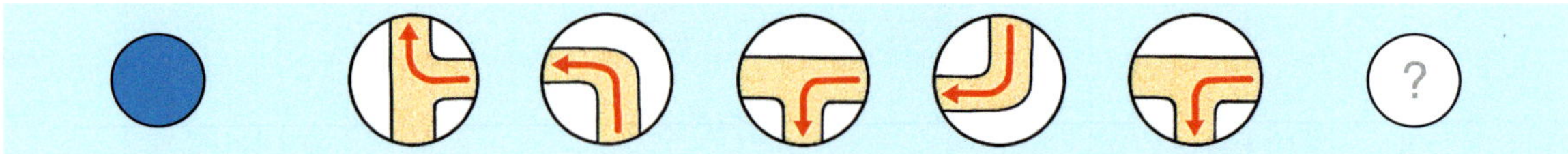

d) 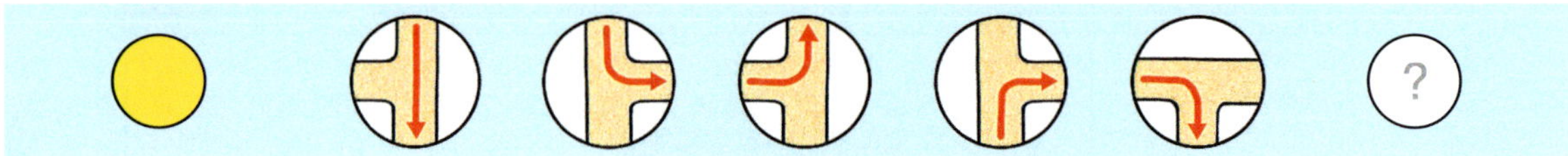

2 Wie muss Fredo gehen? Lege mit den Pfeilen.

a)  ? ? ? ?

b) ? ? ? ?

c) ? ? ? ?

Überlege dir eigene Wege, z. B.:

? ? ? ?

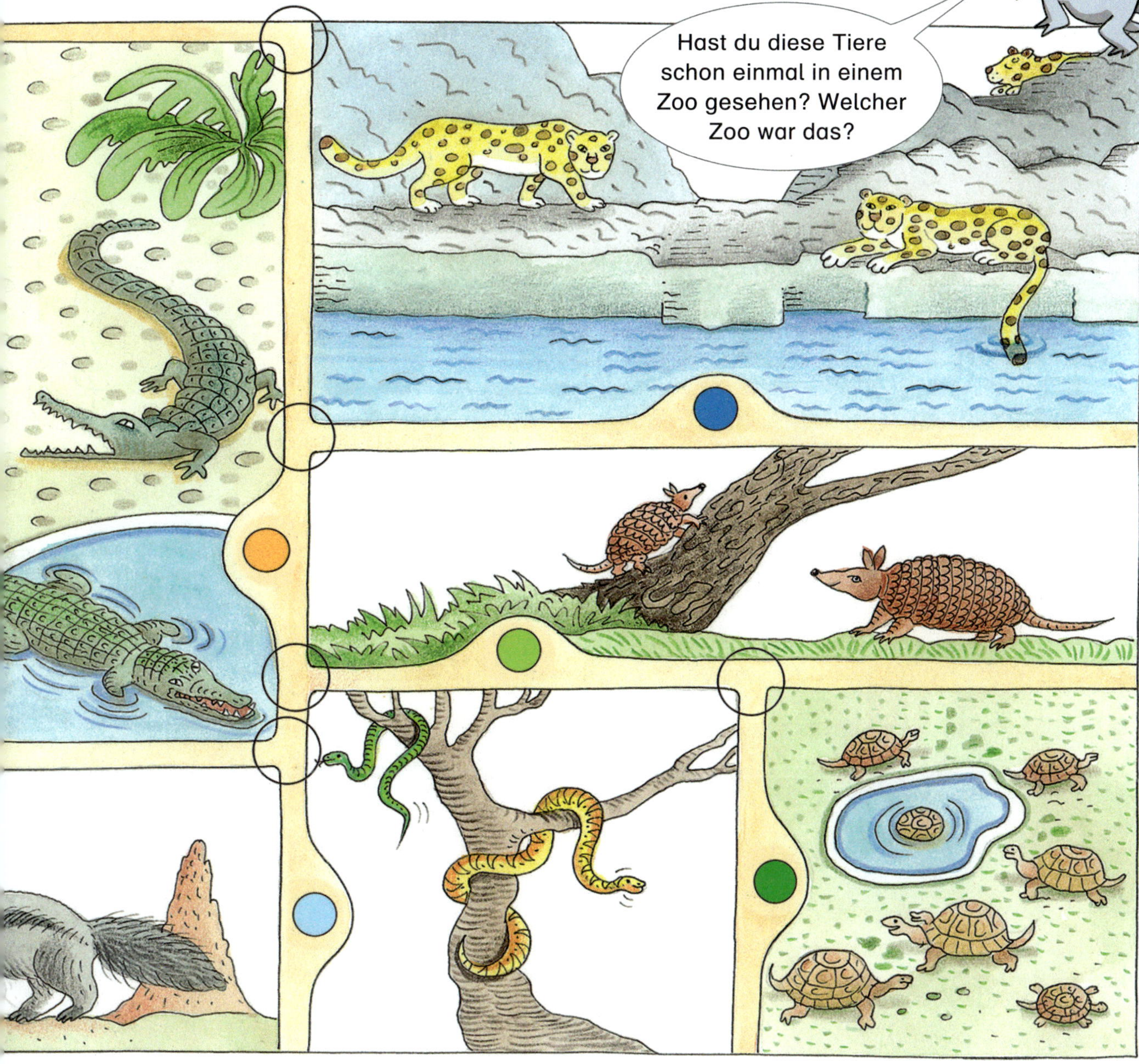

der Zielstein
mittlere Reihe
der Grundstein
links / rechts

1

a) 14 / _ _ / 4 3 4

b) 16 / _ _ / 3 4 5

c) 20 / _ _ / 10 4 2

d) 16 / _ _ / 8 2 4

2

a) _ / _ _ / 4 2 9

b) _ / _ _ / 5 3 2

c) _ / _ _ / 2 7 4

d) _ / _ _ / 3 1 6

3

a) _ / _ _ / 4 5 3

b) _ / _ _ / 5 5 3

c) _ / _ _ / 6 5 3

d) _ / _ _ / 7 5 3

e) Was fällt dir auf? Erkläre.

4

a) 16 / 9 _ / 6 _ 4

b) _ / _ 6 / 5 3 _

c) 18 / 7 _ / _ _ 6

d) _ / 10 _ / 4 _ 3

e) _ / 8 9 / 4 _ _

f) 12 / 5 _ / _ 1 _

g) 15 / _ 6 / _ _ 2

h) 11 / _ 4 / 5 _ _

Finde selbst Rechenmauern.

Der höchste Zielstein gewinnt

AH S. 84

1 Spielt das Spiel „Mauerkönig“.

2 Setze die Zahlen so ein, dass du gewinnst.

a)

b)

c)

3 Baue verschiedene Mauern mit den Grundsteinen 2 4 7.
Vergleiche die Mauern.

4 Knobelmauern: Probiere.

a)

b)

c)

d)

AH S. 85

12 Würfel
Außenzahl unten 5

1 a) Wie kann Anton die 12 Würfel noch verteilen?
Finde 4 Möglichkeiten.

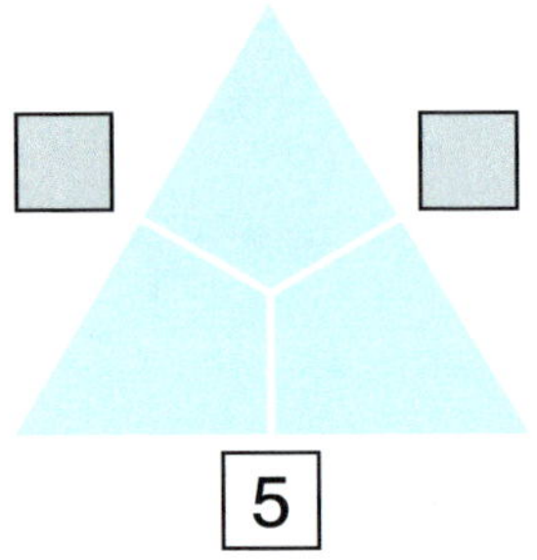

b) Vergleiche mit deinem Partner.

2 Hier fehlen Würfel. Zusammen sind es immer 15 Würfel.
Lege und rechne.

a) b) c)

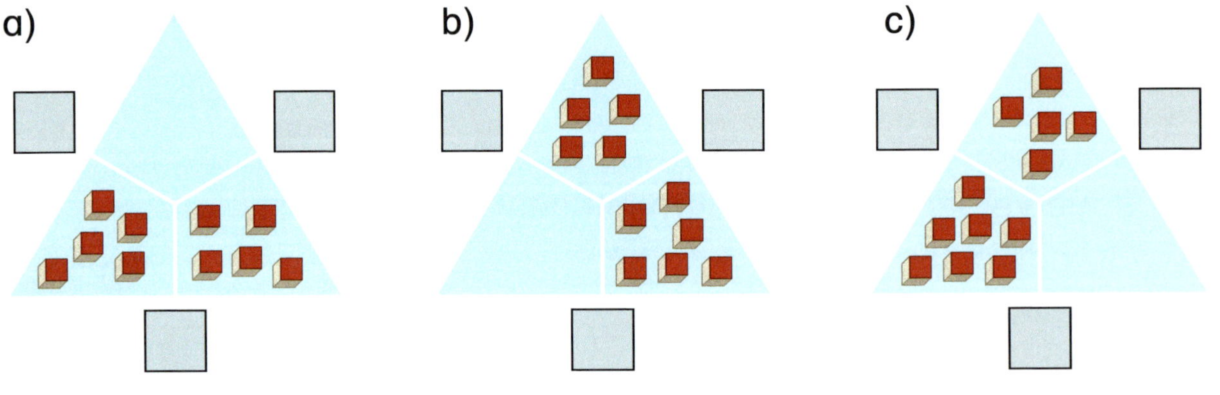

3 Zusammen sind es immer 15 Würfel. Rechne.

a) b) c) d)

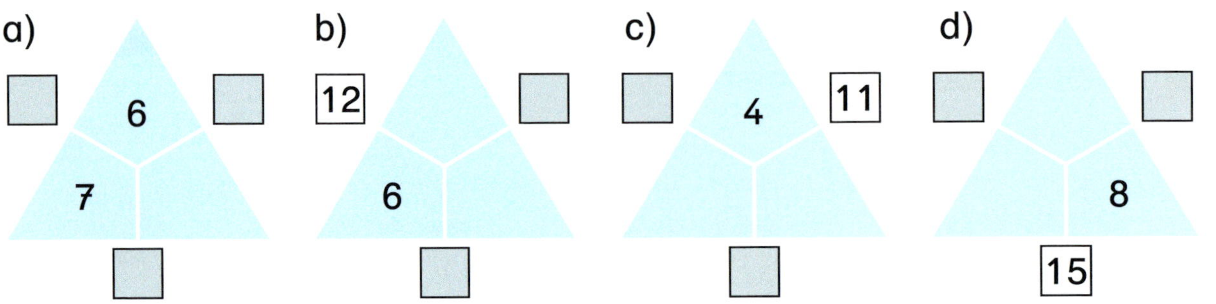

S. 128: Großes Rechendreieck

4 Zusammen sind es immer 15 Würfel. Rechne.

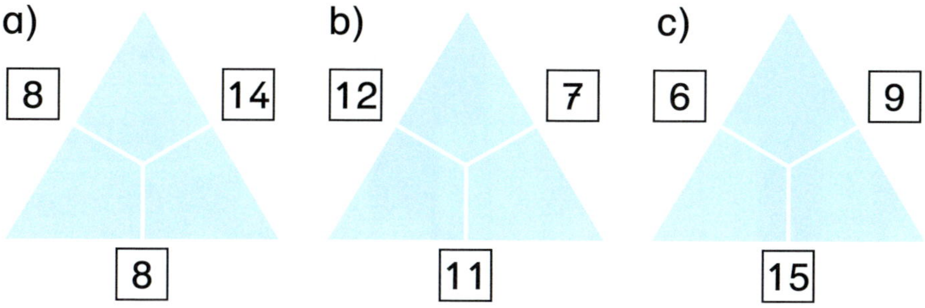

5 Zähle die roten Innenzahlen zusammen.
Zähle die blauen Außenzahlen zusammen. Was fällt dir auf?

a) 5 + 2 + 3 = ☐
7 + 5 + 8 = ☐

b) 4 + ☐ + ☐ = ☐
6 + ☐ + ☐ = ☐

c) ☐ + ☐ + ☐ = ☐
☐ + ☐ + ☐ = ☐

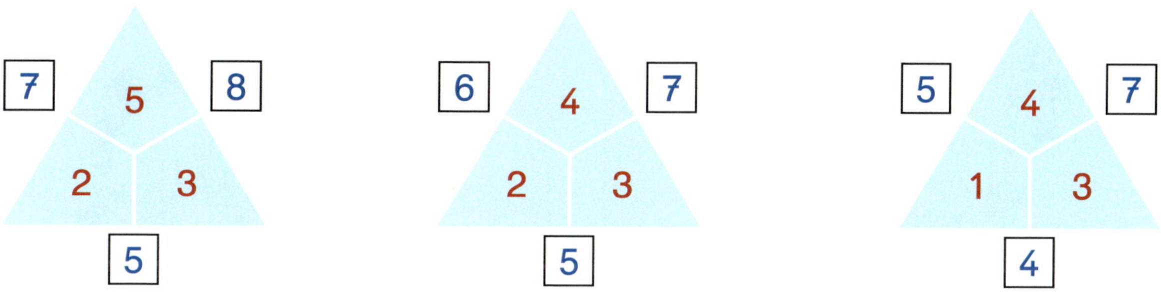

6 Probiere mit 10 Würfeln.

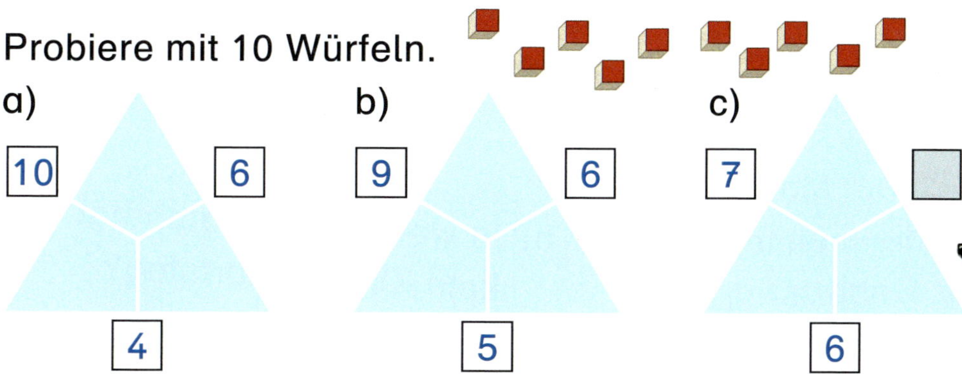

7 Trage die sechs Zahlen in ein Rechendreieck ein.

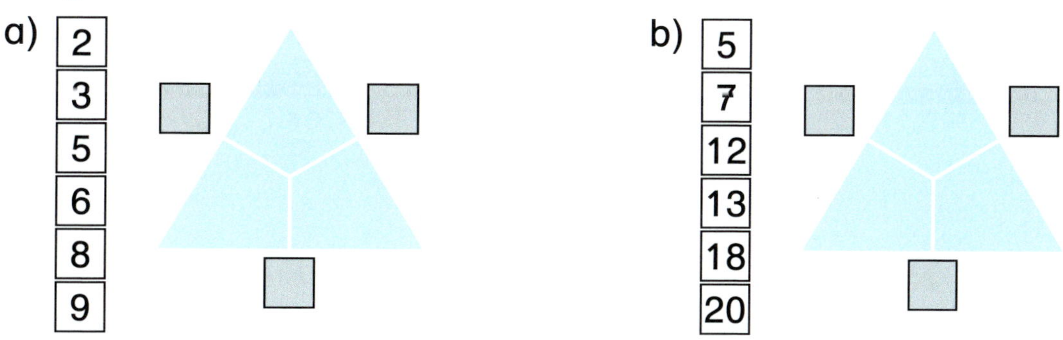

Erfinde eigene Aufgaben zum Rechendreieck.

Schaubilder lesen und erstellen

AH S. 86, 87

das Säulendiagramm
die Säule
mehr
weniger
gleich viele

1 Anton und Anni erstellen mit ihrer Klasse ein Schaubild.
Beantworte die folgenden Fragen dazu:

a) In welchem Monat haben die meisten Kinder Geburtstag?

b) In welchen Monaten hat kein Kind Geburtstag?

c) Wie viele Kinder sind in der Klasse 1b?

d) In welchen Monaten haben gleich viele Kinder Geburtstag?

2 a) Erstellt gemeinsam in eurer Klasse ein Schaubild zum Beispiel zu euren Geburtstagen, Haustieren, Hobbys …

b) Stellt euch Fragen zu eurem Schaubild.

3 So alt sind die Kinder in der Klasse von Anton und Anni.

	IIII	~~IIII~~ III	I
	~~IIII~~	~~IIII~~ I	I

a) Wie viele  sind 6 Jahre alt?

b) Wie viele  sind 7 Jahre alt?

c) Wie viele   sind 6 Jahre alt?

d) Wie viele  sind 8 Jahre alt?

e) Wie viele   sind 7 Jahre alt?

f) Wie viele  sind in der Klasse?

g) Wie viele  sind in der Klasse?

die Tabelle
die Strichliste

4 a) Wie alt sind die Kinder in eurer Klasse?
Erstellt gemeinsam eine Tabelle an der Tafel.

	6 Jahre	7 Jahre	8 Jahre
M			
J			

b) Stellt euch Fragen zu eurer Tabelle wie bei Aufgabe 3.

 AH S. 88

bezahlen
das Rückgeld

1 Wie viel Euro bekommen die Kinder zurück?
Rechne wie Anni oder Anton.

a) 10 € – 3 € = ☐ €

a) 3 € + ☐ € = 10 €

	hat	kauft	bekommt zurück
a)  Jana	 10 €	 ☐ €	☐ €
b)  Emilio	 ☐ €	 ☐ €	☐ €
c)  Tobi	 ☐ €	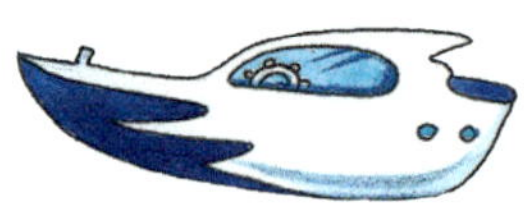 ☐ €	☐ €
d)  Olga	 ☐ €	? ☐ €	6 €

2 Rechne wie Anni oder Anton.

a) 1 0 € – 8 € = ☐ €

a) 8 € + ☐ € = 1 0 €

	hat	kauft		bekommt zurück
a) Jana	☐ €	5 €	3 € ☐ €	☐ €
b) Emilio	☐ €	☐ €	KREIDE ☐ € ☐ €	☐ €
c) Tobi	☐ €	☐ €	☐ € ☐ €	☐ €

3

a) Olga	☐ €	☐ €	? ☐ € ☐ €	1 €
b) Kim	☐ €	☐ €	? ☐ € ☐ €	2 €

Male und rechne:

a) Du hast 20 € und kaufst ein. Wie viel Euro bekommst du zurück?

b) Du bekommst 3 € zurück. Was hast du gekauft?
Wie viel Euro hattest du am Anfang?

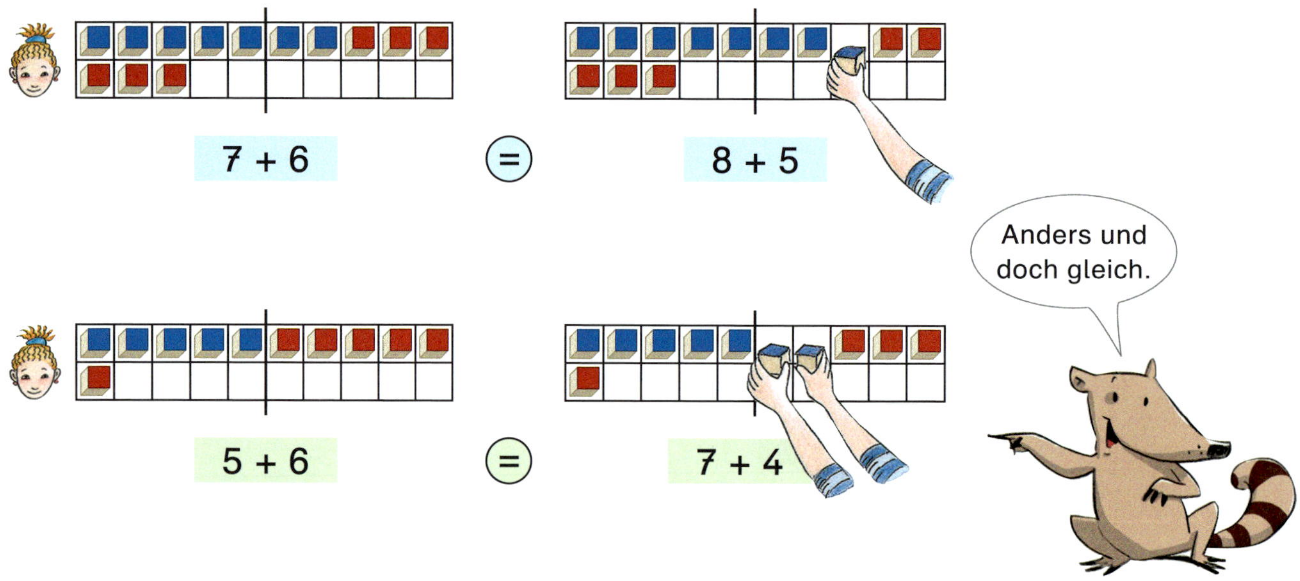

7 + 6 = 8 + 5

5 + 6 = 7 + 4

1 Legt wie Anni und Anton. Schreibt auf.

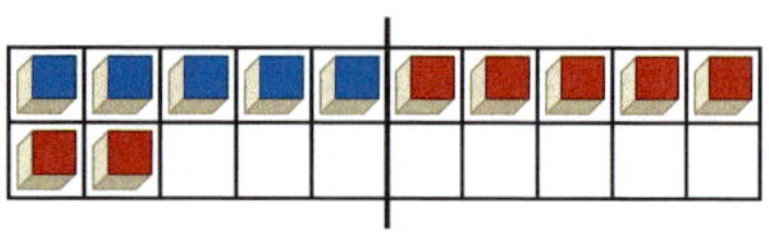

5 + 7 = 8 + 4

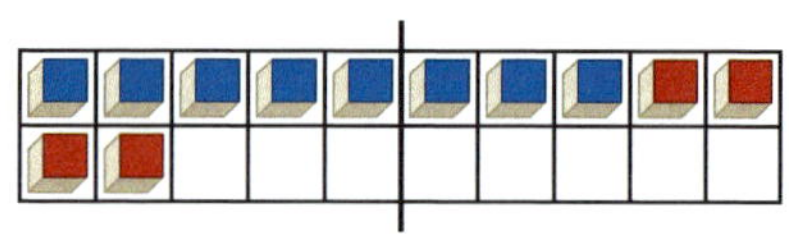

2 Ist das gleich? Kontrolliere. Bei welchen Rechnungen siehst du das sofort? Verbessere falsche Rechnungen und schreibe sie auf.

a)	b)	c)
4 + 7 = 8 + 4 f	3 + 7 = 4 + 6 ✓	8 + 7 = 9 + 6
5 + 6 = 7 + 4	6 + 6 = 7 + 5	4 + 5 = 5 + 4
8 + 5 = 6 + 8	8 + 9 = 7 + 8	9 + 5 = 6 + 8

3 Ergänze die fehlenden Zahlen.

a)	b)	c)
6 + 8 = 7 + ☐	7 + ☐ = 6 + 4	3 + 5 = 8 + ☐
5 + 7 = ☐ + 8	☐ + 3 = 4 + 2	☐☐ + 3 = 4 + 9
4 + 8 = 5 + ☐	5 + ☐ = 7 + 5	11 + ☐ = 8 + 5

Wie viele Aufgaben findest du? Schreibe sie auf. 8 + 5 = ☐ + ☐

Beilage zum Schülerbuch: Zwanzigerfeld

Ungleich

AH S. 90

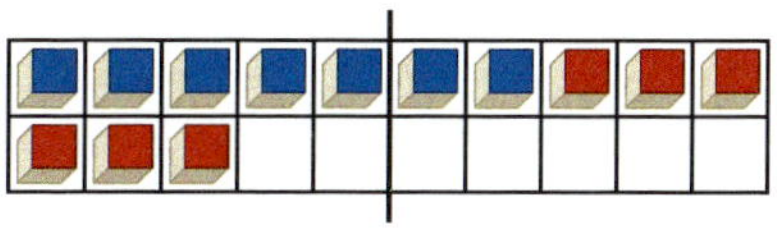

7 + 6 ⊘< 8 + 7

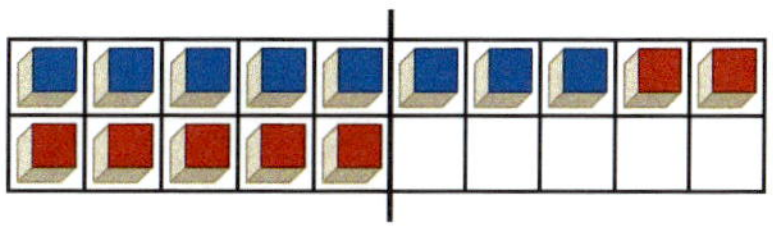

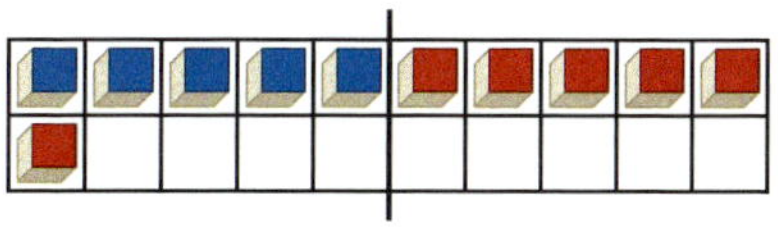

5 + 6 ⊘> 3 + 7

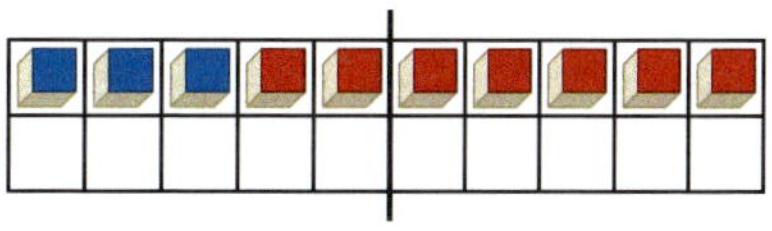

1 Lege und vergleiche: (>) oder (<)?

a) 3 + 4 ◯ 2 + 4 b) 9 + 2 ◯ 9 + 1 c) 9 + 0 ◯ 10 + 0

d) 3 + 4 ◯ 4 + 4 e) 8 + 2 ◯ 8 + 3 f) 6 + 4 ◯ 4 + 5

2 Vergleiche: (>) oder (<)?
Erkennst du das, ohne zu rechnen? Erkläre.

a)	b)	c)
8 + 0 ◯ 6 + 1	5 + 5 ◯ 4 + 5	9 + 2 ◯ 10 + 0
7 + 4 ◯ 7 + 5	6 + 6 ◯ 6 + 7	13 + 4 ◯ 15 + 1
6 + 7 ◯ 6 + 8	7 + 7 ◯ 8 + 8	0 + 7 ◯ 9 + 4
6 + 9 ◯ 5 + 9	1 + 9 ◯ 5 + 9	6 + 7 ◯ 8 + 6

3 Welche Zahlen passen? a) 1, 2, ...

a) 1 2 3 4 5
6 + 4 (>) 6 + ▢

b) 1 2 3 4 5
7 + 5 (<) 10 + ▢

c) 1 2 3 4 5
9 + ▢ (>) 10 + 1

d) 1 2 3 4 5
5 + 6 (>) ▢ + 8

e) 1 2 3 4 5
12 + 6 (<) ▢ + 15

f) 1 2 3 4 5
▢ + 2 (<) 5 + 0

Vergleiche mit deinem Partner.

Finde selbst Aufgaben zu (<), (=), (>).

→ Beilage zum Schülerbuch: Zwanzigerfeld

1 a) Baue 3er-Türme. Nimm diese Farben: .
Finde alle Möglichkeiten.

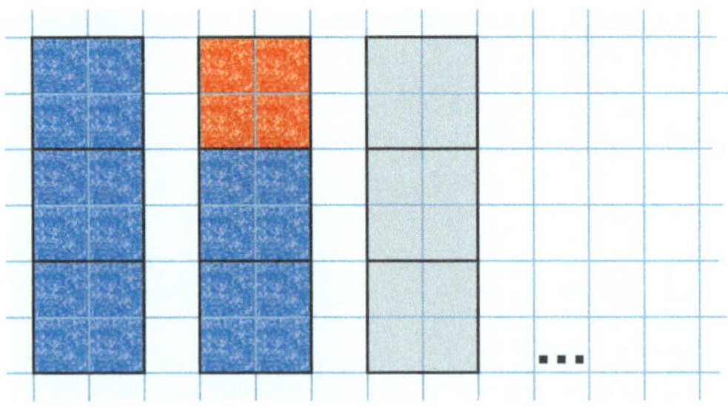

Es sind ___ Türme.

b) Vergleiche mit deinem Partner.

2 Baue 2er-Türme mit .
Finde alle Möglichkeiten.

3 Baue 2er-Türme mit .
Finde alle Möglichkeiten.

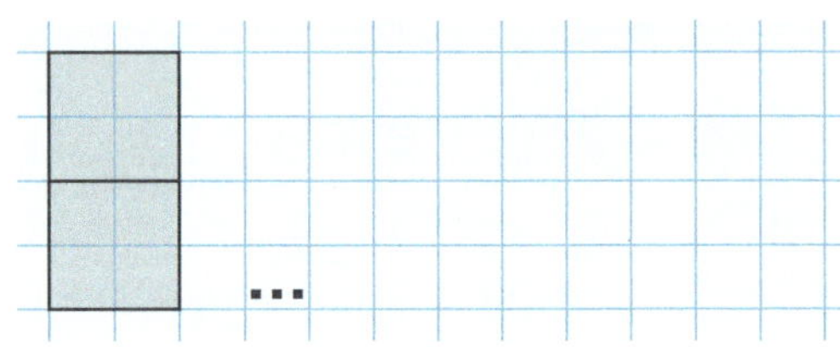

Suche dir eine Aufgabe aus:

Baue 3er-Türme mit .
Finde viele verschiedene Möglichkeiten. Zeichne sie auf.

Baue 4er-Türme mit .
Finde viele verschiedene Möglichkeiten. Zeichne sie auf.

1 Was vermutest du? Begründe deine Meinung.

2 a) Würfle mit einem Holzwürfel mindestens 20-mal.
Erstelle eine Strichliste.

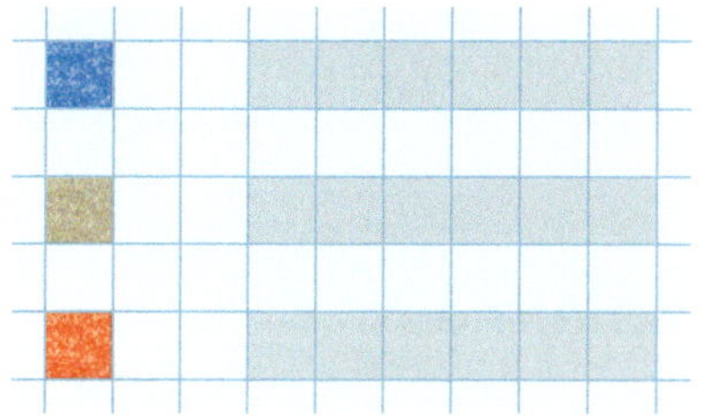

b) Welche Farbe hast du am häufigsten gewürfelt?

c) Vergleicht eure Ergebnisse. Was fällt euch auf?

3 a) Würfle mit zwei Holzwürfeln mindestens 20-mal.
Erstelle eine Strichliste.

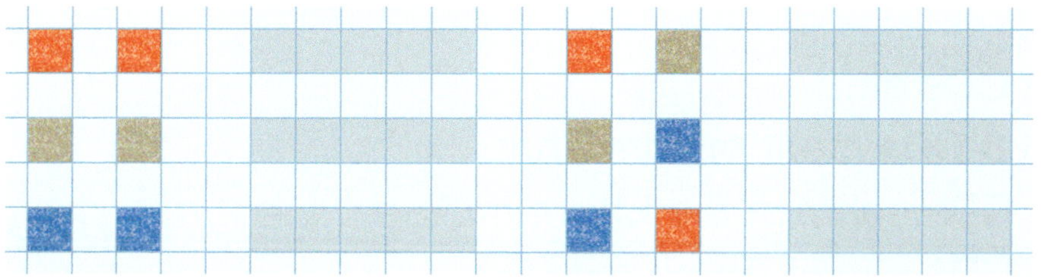

b) Welche Farbkombination hast du am häufigsten gewürfelt?

c) Vergleicht eure Ergebnisse.

4 Kannst du die Ergebnisse von Aufgabe 2 und 3 erklären?

Auf in den Urlaub

AH S. 91

Welche Rechenfrage passt?
Schreibe den Buchstaben auf. Rechne.

1 b) ☐ + ☐ = ☐

1 Anton nimmt 7 Spiele mit. Anni packt 3 Spiele ein.
a) Wie viele Spiele haben sie zusammen?
b) Wie viele Spiele lassen sie daheim?

2 In Annis Rucksack sind 4 Brote.
Bei der ersten Pause isst sie 2 Brote.
a) Wie viele Brote hat Anni noch?
b) Wie viele Brote hat Anton noch?

3 Anni packt 8 CDs ein.
Anton nimmt 5 CDs mehr mit als Anni.
a) Wie viele CDs nehmen die Eltern mit?
b) Wie viele CDs nimmt Anton mit?

4 Anni und Anton zählen Autos:
3 blaue, 9 graue, 2 gelbe und 4 schwarze.
a) Wie viele Autos sind grün?
b) Wie viele Autos zählen sie insgesamt?

Beantworte alle Fragen. Rechne, wenn nötig.

5 Am Strand spielen Kinder. 6 Kinder bauen eine Sandburg.
7 Kinder spielen Ball.
a) Wie viele Kinder bauen eine Sandburg?
b) Wie viele Kinder spielen am Strand?

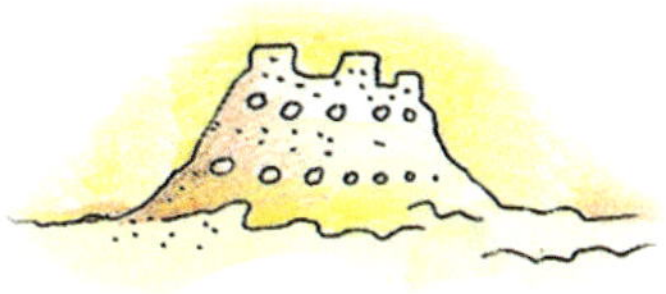

6 4 Möwen fliegen weg. Auf dem Felsen sitzen noch 13 Möwen.
a) Wie viele Möwen fliegen weg?
b) Wie viele Möwen waren es am Anfang?

7 Im Wasser sind 8 Boote. 5 Boote liegen am Strand.
a) Wie viele Boote sind es insgesamt?
b) Wie viele Boote sind im Wasser?

8 Anton und Anni sammeln Muscheln. Anni hat 14 im Eimer.
Anton hat 5 Muscheln mehr.
a) Wie viele Muscheln hat Anni?
b) Wie viele Muscheln hat Anton?

9 2 Kinder suchen Steine. Anna findet 16 Steine.
Tom hat nur halb so viele.
a) Wie viele Steine findet Anna?
b) Wie viele Steine hat Tom?
c) Wie viele Steine haben sie zusammen?

Schreibe eigene Geschichten und Rechenfragen.

AH S. 92

1 Du verbringst einen Tag am Strand.
Du hast 5 €. Was kaufst du dir?

2

Frage: Wie viel Euro muss Kim bezahlen?

Rechnung: ___ € + ___ € = ___ €

Antwort: Kim muss ___ € bezahlen.

3

Frage: Wie viel Euro muss Pia bezahlen?

Rechnung: ______________

Antwort: Pia muss ___ € bezahlen.

4

Frage: ______________

Rechnung: ______________

Antwort: Luis hat noch ___ €.

5

Frage: Wie viel Euro bekommt Olga zurück?

Rechnung:

Antwort: Olga bekommt ___ € zurück.

6

Frage:

Rechnung:

Antwort: Tobi bekommt ___ € zurück.

7

Frage: Reicht das Geld?

Rechnung:

Antwort:

8 Anni isst Eis für 10 €. Kann das sein? Begründe.

Finde selbst Rechenfragen zum Bild. Gib sie deinem Partner zum Lösen.

9

Eis	
1 Kugel	1 €
2 Kugeln	
3 Kugeln	
4 Kugeln	
5 Kugeln	

10

Saft	
1 Saft	2 €
2 Säfte	
3 Säfte	
4 Säfte	
5 Säfte	

11

Wasserball	
1 Ball	
2 Bälle	8 €
3 Bälle	
4 Bälle	
5 Bälle	

Mathematische Inhaltsübersicht

Thema	Seite	Inhalt
Unsere Zahlen	4/5	– Bedeutungen von Zahlen aus der Umwelt unterscheiden
Bei Fredo zu Hause	6/7	– Die Lage von Dingen in einer Abbildung beschreiben – Die Lagebegriffe verwenden
Unser Schulhof	8/9	– Anzahlen bestimmen – Daten aus der unmittelbaren Lebenswirklichkeit sammeln und in einer Strichliste darstellen
Die Zahlen von 1 bis 10	10/11	– Die Zahlen von 1 bis 10 in Verbindung mit Mengenbildern kennenlernen
Schnellblick Zahlen schreiben	12/13	– Anzahlen bis 6 simultan erfassen – Die Zahlen von 0 bis 9 deutlich schreiben
Genug? Nicht genug?	14/15	– Anzahlen bestimmen und vergleichen
Schöne Muster mit Zahlen Musterschlangen	16/17	– Muster beschreiben und eigene Muster erstellen – Gesetzmäßigkeiten in geometrischen Mustern beschreiben und Muster fortsetzen
Mit Würfeln legen und Pläne zeichnen	18/19	– Ebene Figuren durch Legen erzeugen – Ebene Figuren in Gitternetzen zeichnen
Wie viele Würfel mehr?	20/21	– Anzahlen bestimmen und Zahlen unter Verwendung der Begriffe *mehr* und *weniger* vergleichen
Schnellblick am Zehnerfeld Zahlen am Zehnerfeld	22/23	– Die 5er- und 10er-Struktur erkennen und nutzen, um Mengen schnell zu erfassen – Anzahlen bestimmen und Zahlen vergleichen
Zahlenreihe	24/25	– Nachbarzahlen im Zahlenraum bis 10 bestimmen – Sich im Zahlenraum bis 10 durch flexibles Zählen orientieren
Zahlen vergleichen	26/27	– Zahlen vergleichen
Ein Ganzes – mehrere Teile	28/29	– Vorstellung zur Zahlzerlegung entwickeln
Schüttelschachteln 1	30/31	– Zahlen im Zahlenraum bis 10 additiv zerlegen
Schüttelschachteln 2	32/33	– Zahlen im Zahlenraum bis 10 additiv zerlegen und Zusammenhänge erläutern
Zerlegungen	34/35	– Zahlen im Zahlenraum bis 10 additiv zerlegen und Zusammenhänge mithilfe von strukturierten Darstellungen erläutern
Kunst mit Flächenformen	36/37	– Die Flächenformen und ihre Fachbegriffe kennenlernen
10 gewinnt	38/39	– Einführung der Addition und der Subtraktion (Addition als Hinzufügen, Subtraktion als Wegnehmen)
Auf dem Bauernhof	40/41	– Relevante Informationen aus Bildern entnehmen – Der Addition und der Subtraktion Sachsituationen zuordnen und umgekehrt
Dreibild-Geschichten	42/43	– Der Addition und der Subtraktion Handlungen und Sachsituationen zuordnen und umgekehrt
Plusaufgaben	44/45	– Die Zahlensätze des Einspluseins bis 10 anwenden
Tauschaufgaben	46/47	– Tauschaufgaben der Addition kennenlernen und bilden
Geo-Dorf	48/49	– Figuren mit Flächenformen auslegen – Verschiedene Möglichkeiten des Auslegens finden
Minusaufgaben	50/51	– Die Umkehrungen der Zahlensätze des Einspluseins bis 10 anwenden
Umkehraufgaben	52/53	– Umkehraufgaben kennenlernen und bilden
Rechendreiecke 1	54/55	– Das Format „Rechendreieck" kennenlernen – Die Zahlensätze des Einspluseins bis 10 sowie deren Umkehrungen flexibel anwenden
Unser Geld – Cent	56/57	– Centmünzen benennen und unterscheiden, Geldbeträge in *Cent* bestimmen und die Abkürzung ct verwenden – Verschiedene Möglichkeiten durch Probieren finden
Rechenmauern 1	58/59	– Das Format „Rechenmauer" kennenlernen – Die Zahlensätze des Einspluseins bis 10 sowie deren Umkehrungen flexibel anwenden
3 Zahlen – 4 Aufgaben Die verdeckte Karte	60/61	– Einspluseinssätze bis 10 und deren Umkehrungen anwenden und automatisieren, Gleichungen mit Platzhalter lösen
Rechengeschichten – Durch das Jahr	62/63	– Der Addition und der Subtraktion Sachsituationen zuordnen und umgekehrt

Thema	Seite	Inhalt
Muster erkennen und fortsetzen	64/65	– Geometrische Muster nachlegen und fortsetzen, Muster in Gitternetzen beschreiben, abzeichnen und fortsetzen
Zahlen bis 20	66/67	– Die Zahlen von 11 bis 20 kennenlernen – Den dekadischen Aufbau verstehen
Zwanzigertafel Zwanzigerstreifen	68/69	– Sich im Zahlenraum bis 20 anhand der Zwanzigertafel sowie durch flexibles Zählen am Zwanzigerstreifen orientieren
Nachbarzahlen Zahlen vergleichen	70/71	– Nachbarzahlen im Zahlenraum bis 20 bestimmen – Zahlen vergleichen
Verwandte Aufgaben	72/73	– Dekadische Analogie entdecken und als Rechenstrategie nutzen
Unser Geld – Euro	74/75	– Münzen und Geldscheine benennen und unterscheiden, Geldbeträge bestimmen, Abkürzung € verwenden, Geldbeträge wechseln und unterschiedlich darstellen
Verdoppeln Halbieren	76/77	– Verdopplungs- und Halbierungsaufgaben im Zahlenraum bis 20 automatisieren
Ordnungszahlen	78/79	– Ordnungszahlen kennenlernen und anwenden
Entdeckungen an der Plustafel Entdeckerpäckchen an der Plustafel	80/81	– Übungen zum Einspluseins bis 20 – Arithmetische Muster erkennen, beschreiben und fortsetzen
Nachbaraufgaben	82/83	– Nachbaraufgaben erschließen und anwenden
Über die 10 Werkzeugkoffer für Rechenwege ⊕	84/85	– Einführung der Addition mit Zehnerübergang – Rechenstrategien nutzen und bewerten
Unser Geld – Cent	86/87	– Verschiedene Übungen mit Geldbeträgen
Kaufladen spielen	88/89	– Sachsituationen mit Größen lösen
Tauschaufgaben und Umkehraufgaben	90/91	– Umkehr- und Tauschaufgaben anwenden zur Vorbereitung von Rechenstrategien bei der Subtraktion
Rechenwege bei Minusaufgaben	92/93	– Verschiedene Rechenstrategien zur Subtraktion kennenlernen und anwenden
Bis zur 10 und dann weiter Werkzeugkoffer für Rechenwege ⊖	94/95	– Rechenstrategie „Bis zur 10 und dann weiter“ kennenlernen – Verschiedene Rechenstrategien anwenden
Burg Schreckenstein	96/97	– Achsensymmetrische Figuren mit dem Spiegel erzeugen
Entdeckerpäckchen	98/99	– Arithmetische Muster erkennen, beschreiben, fortsetzen und selbst entwickeln
Rechengeschichten – Auf der Wiese	100/101	– Relevante Informationen aus einem Bild entnehmen – Der Addition und der Subtraktion Sachsituationen zuordnen und umgekehrt
Die Uhr	102/103	– Die Uhr in Verbindung mit dem Tagesablauf kennenlernen und Uhrzeiten ablesen
Zeitspannen	104/105	– Uhrzeiten ablesen und einfache Zeitspannen bestimmen
Fredo im Zoo	106/107	– Wege nach Anweisung verfolgen und den Verlauf von Wegen bestimmen
Rechenmauern 2 Der höchste Zielstein gewinnt	108/109	– Die Zahlensätze des Einspluseins bis 20 sowie deren Umkehrungen flexibel anwenden sowie Rechenstrategien entwickeln
Rechendreiecke 2	110/111	– Die Zahlensätze des Einspluseins bis 20 sowie deren Umkehrungen flexibel anwenden sowie Rechenstrategien entwickeln
Schaubilder lesen und erstellen	112/113	– Daten sammeln und vergleichen, diese in Strichlisten und Schaubildern strukturiert darstellen
Im Spielzeugladen	114/115	– Rückgeld ermitteln
Gleich Ungleich	116/117	– Aufgaben zur Gleichheit und Ungleicheit von Termen lösen
Viele verschiedene Türme Alles Zufall?	118/119	– Kombinatorische Aufgaben durch Probieren lösen – Zufallsexperimente durchführen und Schlüsse ziehen
Auf in den Urlaub	120/121	– Lösen von Sachsituationen
Am Brombachsee	122/123	– Lösen von Sachsituationen mit der Größe Geld – Plausibilität der Lösung überprüfen

Rechenzeichen

+	–	=
plus	minus	ist gleich

>	<
ist größer als	ist kleiner als

Rechenwege

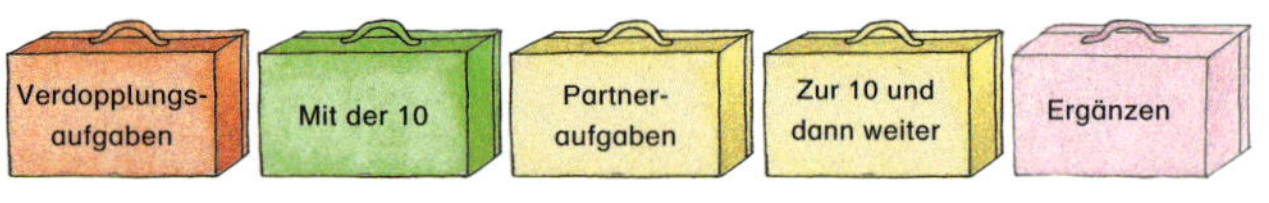

Verdopplungsaufgaben

8 + 9 = □

8 + 8 + 1 = 17

Mit der 10

8 + 9 = □

8 + 10 – 1 = 17

14 – 9 = □

14 – 10 + 1 = 5

Partneraufgaben

5 + 8 = □

5 + 5 + 3 = 13

Zur 10 und dann weiter

14 – 5 = □

14 – 4 – 1 = 9

Ergänzen

11 – 8 = □

8 + <u>3</u> = 11

Wichtige Aufgaben

Plusaufgaben

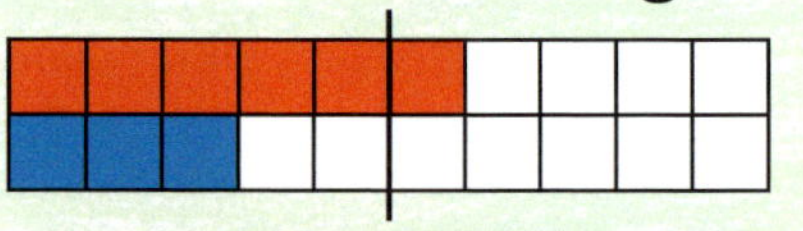

6 + 3 = 9

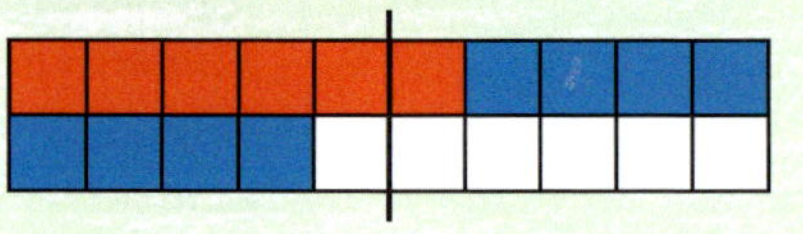

6 + 8 = 14

Minusaufgaben

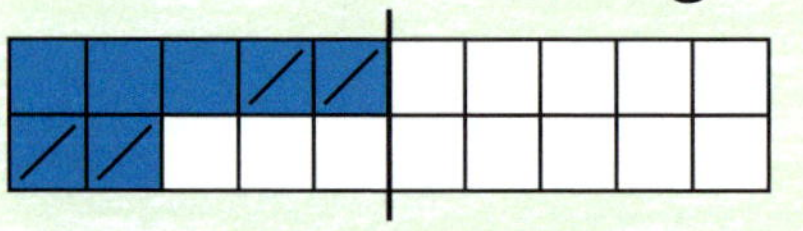

7 – 4 = 3

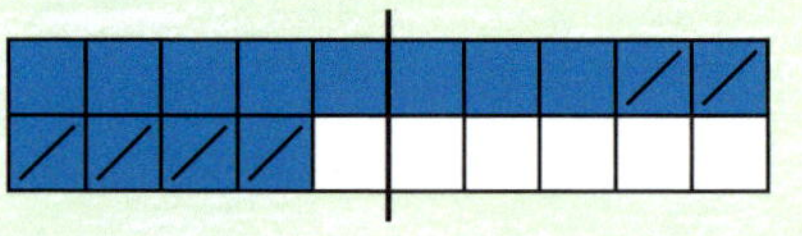

14 – 6 = 8

Tauschaufgaben

Die Zahlen werden getauscht,
das Ergebnis bleibt gleich.

3 + 4 = 7

4 + 3 = 7

Umkehraufgaben

Plusaufgabe/Minusaufgabe
das Rechenzeichen wechselt

5 + 3 = 8
8 – 3 = 5

7 – 3 = 4
4 + 3 = 7

Platzhalteraufgaben

5 + □ = 9 8 – □ = 5

Steht der Platzhalter am Anfang,
hilft dir die Umkehraufgabe.

□ + 2 = 8
8 – 2 = □

□ – 3 = 6
6 + 3 = □

Plustafel

1 + 1	1 + 2	1 + 3	1 + 4	1 + 5	1 + 6	1 + 7	1 + 8	1 + 9	1 + 10
2 + 1	2 + 2	2 + 3	2 + 4	2 + 5	2 + 6	2 + 7	2 + 8	2 + 9	2 + 10
3 + 1	3 + 2	3 + 3	3 + 4	3 + 5	3 + 6	3 + 7	3 + 8	3 + 9	3 + 10
4 + 1	4 + 2	4 + 3	4 + 4	4 + 5	4 + 6	4 + 7	4 + 8	4 + 9	4 + 10
5 + 1	5 + 2	5 + 3	5 + 4	5 + 5	5 + 6	5 + 7	5 + 8	5 + 9	5 + 10
6 + 1	6 + 2	6 + 3	6 + 4	6 + 5	6 + 6	6 + 7	6 + 8	6 + 9	6 + 10
7 + 1	7 + 2	7 + 3	7 + 4	7 + 5	7 + 6	7 + 7	7 + 8	7 + 9	7 + 10
8 + 1	8 + 2	8 + 3	8 + 4	8 + 5	8 + 6	8 + 7	8 + 8	8 + 9	8 + 10
9 + 1	9 + 2	9 + 3	9 + 4	9 + 5	9 + 6	9 + 7	9 + 8	9 + 9	9 + 10
10 + 1	10 + 2	10 + 3	10 + 4	10 + 5	10 + 6	10 + 7	10 + 8	10 + 9	10 + 10

- Partneraufgaben: zusammen 10
- Verdopplungsaufgaben
- Aufgaben mit + 10
- Aufgaben mit 10 +

Rechendreieck

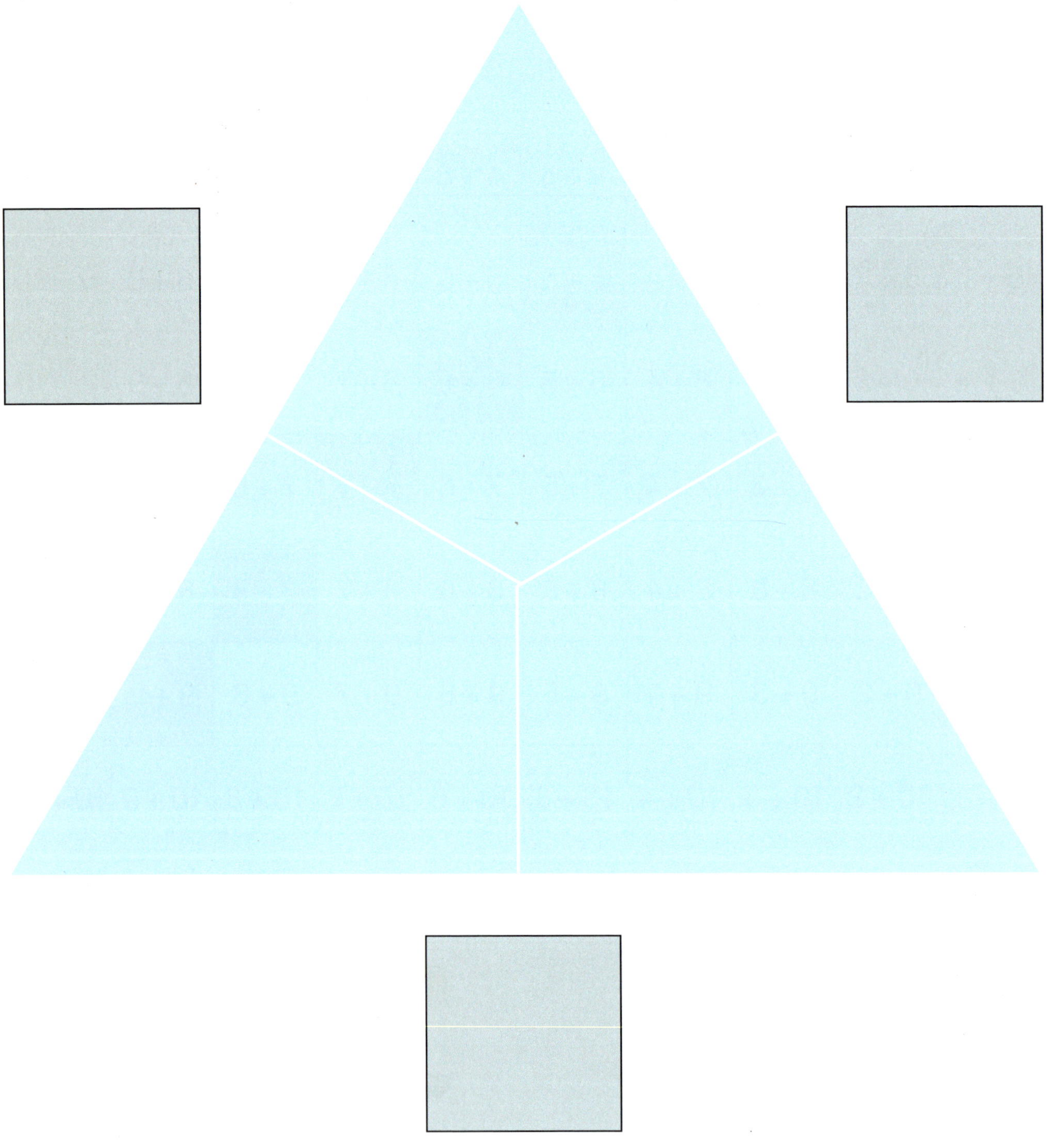